第1章　工業計測と測定用機器

1 計測の基礎 （機械工作1　p. 12〜18）

1　測定と計測　次の文は測定と計測について述べたものである。（　　）内に適当な語句を記入して完成させよ。

　　ある一定の（1　　　　　　　）をもって，測定する方法や手段を考え，実施し，その（2　　　　　　　）の活用まで含めた処理を（3　　　　　　　）といい，工業の生産過程や生産に関係して行う計測を（4　　　　　　　）という。

2　測定の分類　次の文は測定の分類について述べたものである。（　　）内に適当な語句を記入して完成させよ。

(1)　身長計で身長を測定するように，測定する量を同じ種類の（1　　　　　　　）と比較する方法が（2　　　　　　　）であり，これに対し，直接測定した仰角 θ と距離 L から，タワーの高さ H を求めるような測定法は（3　　　　　　　）である。

(2)　基準量と測定した量の比較のしかたにより，測定は絶対測定と比較測定に分類できる。ノギスによる測定のように，（4　　　　　　　）の尺度をもつ測定器で直接測定する方法が（5　　　　　　　）であり，（6　　　　　　　）の尺度をもたないパスによる測定のように，基準の尺度をもつ測定器と比較することにより量を求める方法が（7　　　　　　　）である。

3　測定値と誤差　次の文は測定値と誤差について述べたものである。（　　）内に適当な語句を記入して完成させよ。

(1)　測定量の正しい値が，（1　　　　　　　）であるが，どのような測定器を使い，どのような方法で測定しても，測定によって求めた測定値と測定量の正しい（2　　　　　　　）との間には，必ず多少の差がある。

(2)　測定値と真の値および誤差の間には，

$$測定値 ＝（3　　　　　　　）＋（4　　　　　　　）$$

の関係がある。

(3)　誤差には，目盛の読み違いなどの（5　　　　　　　），測定器の熱膨張に起因する（6　　　　　　　）や測定器自体の構造的なことがらによる（7　　　　　　　）および測定者の固有のくせによる（8　　　　　　　）などの発生原因がわかっている（9　　　　　　　），つきとめることが困難ないろいろな要因が絡んで発生する（10　　　　　　　）がある。

4 偶然誤差 偶然誤差の性質を三つ示せ。また，偶然誤差を小さくする方法を示せ。

① _____

② _____

③ _____

_____

_____

2 測定器 （機械工作1 p. 19〜24）

1 測定器の性能 次の文は測定器の精度や感度ついて述べたものである。（　）内に適当な語句・数字を記入して完成させよ。

(1) 二つの測定器を用いて，ある鋳造品の質量を繰り返し測定すると，下の図に示すA曲線とB曲線のグラフができた。この場合，測定器Aによる曲線Aは，(**1**　　　　　　　) が小さいので，(**2**　　　　　) がよい。一方，測定器Bによる曲線Bは，(**3**　　　　　　) が小さいので，(**4**　　　　　) がよい。すなわち，測定器Aによる測定では，測定器Bによる測定よりも (**5**　　　　　) 誤差は少なかったが，測定器の (**6**　　　　) 誤差，あるいは測定者のくせによって生じる (**7**　　　　) 誤差や (**8**　　　　) 誤差などの (**9**　　　　) 誤差は大きいといえる。

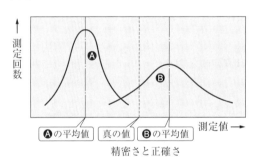

精密さと正確さ

(2) 測定器の精度は，(**10**　　　　　　) と (**11**　　　　　　) を含めた総合的なよさをいうが，誤差を真の値で割った相対誤差の最大値によって表すことが多い。

(3) 測定器の一目の読みを (**12**　　　　) といい，その値が 0.01 mm の差動変圧器式電気マイクロメータでは，感度 (**13**　　　　　) という。一方，0.01 mm の変化量に対して，指針の先端が 5 mm 動く測定器の場合には感度 (**14**　　　　) という。

2　精度と感度の関係　次の文は測定器の精度と感度の関係について述べたものである。（　　）内に適当な語句を入れて完成させよ。

　　精度のよい測定を行うためには，(1　　　　　　　）のよい測定器を使う必要がある。しかし，感度だけがよい場合は，指示値のふらつきが (2　　　　　　　）なり測定値の読み取りが困難になったり，測定値のばらつきが大きくなったりする。したがって，測定器を選ぶ場合には，(3　　　　　　）に適合した (4　　　　　　）の測定器を選択することが大切である。

3　電気的計測　電気的計測の特徴を四つ示せ。

① _____

② _____

③ _____

④ _____

③ 長さの測定　(機械工作1　p.25〜30)

1　長さの測定と基準尺　次の文は長さの測定と基準尺について述べたものである。（　　）内に適当な語句を記入して完成させよ。

(1)　基準となるスケールをもつ測定器は，(1　　　　　　　）ができるが，それをもたない測定器で長さをはかる場合には，ブロックゲージなどの (2　　　　　　）を用いて (3　　　　　　　）する。

(2)　長さ測定用機器の校正に用いられる基準尺に (4　　　　　　）がある。長方形または正方形の断面をもち，その中央に目盛を刻んだ (5　　　　　　）製の精度のよい (6　　　　　）である。

(3)　比較測定用機器は，ブロックゲージなどの (7　　　　　　）と比較して長さを測定する。このゲージは焼入れ鋼や (8　　　　　　）などでつくられた (9　　　　　　）で，呼び寸法を示す両端面の寸法の正確さはもとより，(10　　　　　　）や (11　　　　　　）もきわめて高い精度でつくられている。したがって，各ゲージを (12　　　　　）でたがいに密着させて組み合わせれば，いろいろな (13　　　　　　）をつくることができる。

2　各種の長さ測定用機器　次の文は各種の長さ測定用機器について述べたものである。（　　）内に適当な語句・数字を記入して完成させよ。

(1)　ノギスには，丸棒などの外径をはかるさいに用いる (1　　　　　　　），管の内径をはかるさいに用いる (2　　　　　　　），および深さをはかるさいに用いる (3　　　　　　）があり，バーニヤを利用した場合の感度は (4　　　　　　）である。

(2)　マイクロメータは，きわめて精度の高い（⁵　　　　　　）を利用したもので，それのピッチが0.5 mmで，シンブルの円筒目盛が50等分してある場合の感度は（⁶　　　　　）である。

(3)　外側マイクロメータは，丸棒の直径や板の厚さなどはかりたい品物を，（⁷　　　　　　）と（⁸　　　　　　　）の間にはさみ，測定力を一定にするために（⁹　　　　　　）を使ってはかる。

(4)　レーザ測長器は，二方向の（¹⁰　　　　　　　　）の干渉じまの（¹¹　　　　　）を光検出器で読み取り，長さを0.01 μmの精度で測定することができる。（¹²　　　　　）の精度確認や，高精度の位置制御が要求される製品開発などに使用されている。

(5)　測定子の直線変位を歯車を利用して回転角に変えて拡大・指示するのは（¹³　　　　　　　），相互誘導作用を利用して検出した（¹⁴　　　　　　）を増幅したのち指示するのは（¹⁵　　　　　　　　　）である。

４　三次元形状の測定　（機械工作1　p. 31～33）

1　三次元測定機　次の文は三次元測定機について述べたものである。（　　）内に適当な語句を記入して完成させよ。

　　三次元測定機には，（¹　　　　　　）のプローブや（²　　　　　　）でレーザや光を用いて測定物の（³　　　　　　）を読み取る測定機がある。測定は手動やプログラムにより自動で行われ，瞬時に（⁴　　　　　　）を読み取ることができる。また，いくつかの（⁵　　　　　　）をもとに，穴の直径や穴の中心間の距離を測定できる。

2　幾何公差　次の文は幾何公差について述べたものである。（　　）内に適当な語句を記入して完成させよ。

　　幾何学的に正しい形状や位置などから狂ってもよい領域（公差域）を数値で示したものが（¹　　　　　　）である。幾何学的に正しい直線からの狂いの大きさをいう（²　　　　　　）や幾何学的に正しい円からの狂いの大きさをいう（³　　　　　　）などがある。

５　表面性状の測定　（機械工作1　p. 34～37）

1　表面性状の測定　次の文は表面性状の測定について述べたものである。（　　）内に適当な語句を入れて完成させよ。

　　表面性状は，（¹　　　　　　）（Ra）や（²　　　　　　　　）（Rz）などで表すが，その値は，試料の表面の輪郭を（³　　　　　　　　）の触針がなぞって得た断面曲線から（⁴　　　　　　）を取り除いた（⁵　　　　　　）をもとに算出した値である。

6　質量と力の測定　(機械工作1　p. 38～43)

1　質量の測定　次の文は質量の測定について述べたものである。(　　　)内に適当な語句を記入して完成させよ。

(1)　質量の基本単位は (¹　　　　　　　　) で, (²　　　　　　　　　) をもとに定義されている。

(2)　測定物と分銅をつり合わせて質量をはかる測定器を (³　　　　　　　　) といい, 安全で正確にはかることができる質量の最大値を (⁴　　　　　　　) という。

(3)　てんびんの両腕の長さにはわずかな差があるために, 分銅をつり合わせて得た質量には (⁵　　　　　　　) が含まれている。その対応法に, (⁶　　　　　　　　　) がある。

(4)　測定物の重力によるさらと連結したさおの位置の変化から電流値を測定し, その値を質量に変換して, ディジタル表示させる測定器が (⁷　　　　　　　　) である。

2　力の測定　次の文は力の測定について述べたものである。(　　　)内に適当な語句を記入して完成させよ。

　　(¹　　　　　　　　) は鋼の弾性変形を利用して, (²　　　　　　　　) は弾性体にはり付けた (³　　　　　　　) の伸縮による電気抵抗の変化を利用して力をはかる測定器である。

7　温度の測定　(機械工作1　p. 44～47)

1　温度の測定　次の文は温度の測定について述べたものである。(　　　)内に適当な語句を記入して完成させよ。

(1)　温度の基本単位は (¹　　　　　　　) である。一般には, (²　　　　　　　　) が使われることが多く, これは 273.15 K を 0℃ とした単位である。

(2)　熱電対によって発生する起電力を利用して, 温度を測定する機器が (³　　　　　　　　), 金属や半導体の温度変化による, 電気抵抗の変化を利用して, 温度を測定する機器が (⁴　　　　　　　), 物体が放出する放射エネルギーを利用して, その物体の温度を (⁵　　　　　　) で測定する機器が (⁶　　　　　　　　) である。

第2章　機械材料

1 材料の機械的性質 （機械工作1　p.50〜61）

1 機械材料に望まれる性質

1　機械材料に望まれる性質　次の文は機械材料として望まれる性質を箇条書きにしたものである。（　　）内に下の語群から適切な語句を選んで記入せよ。

(1)　（¹　　　　　）が豊富で入手しやすく，容易に精製できる。

(2)　板・（²　　　　　）・線などの加工しやすい形で供給できる。

(3)　常温での（³　　　　　）や，力を加えること，また，加熱や，（⁴　　　　　）をすることによって，所要の形状・寸法に成形できる。

(4)　（⁵　　　　　）が容易で，しかも接合部の材料を損傷しない。

(5)　使用に耐えられる強さ・（⁶　　　　　）および耐摩耗性がある。

(6)　使用する環境や薬品に対する（⁷　　　　　）があり，外観が美しい。

(7)　（⁸　　　　　）や熱・磁気に対して，使用目的に適した性質がある。

(8)　廃材を（⁹　　　　　）して使用できる。

【語群】　抵抗力　　切削　　電気　　再生　　原料　　接合　　棒　　硬さ　　溶解

2 おもな機械材料

1　金属材料　次の文は金属材料について述べたものである。（　　）内に適切な語句を記入せよ。

いろいろな機械を構成している金属材料は，特殊な用途以外は（¹　　　　　）で使うことは少なく，純金属よりも強さや（²　　　　　）などのすぐれた性質をもつ（³　　　　　）にして用いることが多い。

2　非金属材料　次の文は非金属材料について述べたものである。（　　）内に適切な語句を記入せよ。

機械工業では，各種のプラスチックが金属材料に代わって（¹　　　　　）部品として使われているものもあるが，金属材料に比べて（²　　　　　）がむずかしい。また，腐食しにくく，しかもすぐれた（³　　　　　）などの特性をもつセラミックスは，（⁴　　　　　）部品への用途拡大が期待される非金属材料である。

3　いろいろな材料　複合材料と機能性材料について簡単に説明せよ。

(1)　複合材料＿＿＿＿＿＿＿＿＿＿＿＿＿＿＿＿＿＿＿＿＿＿＿＿＿＿＿＿＿＿＿＿＿＿＿＿＿

＿＿＿

(2)　機能性材料＿＿＿＿＿＿＿＿＿＿＿＿＿＿＿＿＿＿＿＿＿＿＿＿＿＿＿＿＿＿＿＿＿＿＿＿

＿＿＿

③　機械的性質とその試験法

1　応力－ひずみ線図　右の図は引張試験の結果から得
た軟鋼の応力－ひずみ線図である。この図についての
次の説明文を読み，下記の問に答えよ。

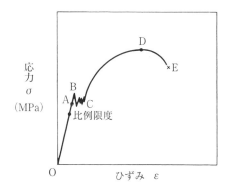

　試験片に引張荷重を加えていくと，点 A までは応
力とひずみはほぼ直線的に増加し，この範囲内では荷
重を除くと試験片は原形に戻る。点 A からさらに荷
重を増して点 B に達すると，荷重を増さなくても点
C までひずみが大きくなり，伸びを起こす。さらに荷
重を増していくと，点 D までは応力とひずみは曲線的に増加し，それ以後は荷重が減少しても
試験片が伸び，やがて，点 E で破断する。

(1)　点 B の応力を何というか。(　　　　　　　　　)

(2)　引張強さはどの点の応力で表すか。(　　　　　　　　　)

(3)　直径 14 mm の試験片で引張試験をすると，最大荷重が 71.0×10^3 N であった。引張強さは
いくらか。(　　　　　　　　　)

2　金属材料の強さ　次の文は金属材料の強さについて述べたものである。(　　　) 内に次の語群
から適切な語句を選んで記入せよ。

(1)　引張試験で，破断するまでに大きなひずみを生じる材料は，(^{1}　　　　　　　) に富んでいる
といい，(^{2}　　　　　　　) は延性を表す。

(2)　右の図は，黄銅の応力－ひずみ線図である。黄銅
の場合は，(^{3}　　　　　　　) のような降伏現象が現れ
ない。塑性ひずみが 0.2 % となるときの
(^{4}　　　　　　　) を 0.2 % (^{5}　　　　　　　) とよぶ。

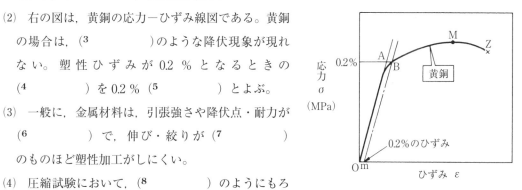

(3)　一般に，金属材料は，引張強さや降伏点・耐力が
(^{6}　　　　　　　) で，伸び・絞りが (^{7}　　　　　　　)
のものほど塑性加工がしにくい。

(4)　圧縮試験において，(^{8}　　　　　　　) のようにもろ
い材料は，わずかに変形を起こしたあとに割れが生じて破壊するので，そのときの
(^{9}　　　　　　　) を圧縮強さとする。試験は，鋳鉄のほかコンクリート材などの
(^{10}　　　　　　　) で，おもに圧縮力を受ける構造材料などに対して行われる。

【語群】	大	小	展延性	もろい	黄銅	鋳鉄	軟鋼	最大応力	耐力
	応力	伸び	絞り	非金属材料					

3 引張試験の結果 右の図は引張試験の前後の試験片の状態を示したものである。

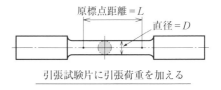

原標点距離 = L
直径 = D

引張試験片に引張荷重を加える

$$
\left.
\begin{array}{l}
\text{試験前の直径} = D \\
\text{試験前の原標点距離} = L \\
\text{試験後の破断部の直径} = d \\
\text{試験後の最終標点距離} = l
\end{array}
\right\} とするとき
$$

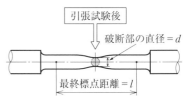

引張試験後

破断部の直径 = d

最終標点距離 = l

次の問に答えよ。

(1) 次の式の ( ) 内に適切な記号を記入せよ。

$$
絞り（\%）= \frac{\dfrac{\pi}{4}(\mathbf{1}\qquad)^2 - \dfrac{\pi}{4}(\mathbf{2}\qquad)^2}{\dfrac{\pi}{4}D^2} \times 100
$$

$$
= \frac{(\mathbf{3}\qquad)^2 - (\mathbf{4}\qquad)^2}{D^2} \times 100
$$

(2) 試験前の直径が 14 mm，破断部の直径が 9.54 mm のとき，この材料の絞りはいくらか。

$$
絞り = \frac{(\mathbf{5}\qquad)^2 - (\mathbf{6}\qquad)^2}{(\mathbf{7}\qquad)^2} \times 100 = (\mathbf{8}\qquad)\%
$$

(3) 次の式の ( ) 内に適切な記号入れよ。

$$
伸び（\%）= \frac{(\mathbf{9}\qquad) - (\mathbf{10}\qquad)}{L} \times 100
$$

(4) 原標点距離が 50 mm，最終標点距離が 69.5 mm のとき，この材料の伸びはいくらか。

$$
伸び = \frac{(\mathbf{11}\qquad) - (\mathbf{12}\qquad)}{(\mathbf{13}\qquad)} \times 100 = (\mathbf{14}\qquad)\%
$$

4 硬さ試験 各種の硬さ試験について，A群と関係の深いものをB群・C群から選び，線で結べ。

【A群】	【B群】	【C群】
(1) ロックウェル硬さ試験]・	・a くぼみの対角線]・	・ア 素材
(2) ブリネル硬さ試験]・	・b くぼみの深さ]・	・イ 金属材料
(3) ショア硬さ試験]・	・c くぼみの直径]・	・ウ 各種製品
(4) ビッカース硬さ試験]・	・d ハンマの跳ね上がり]・	

5　金属材料の一般的性質　次の文の（　　）内に，次の語群から適切な語句を選んで記入せよ。

(1)　(¹　　　　　　　) 強さは衝撃試験によって調べることができる。衝撃値の大きい金属材料は (²　　　　　　　) があるといわれる。

(2)　一般に，(³　　　　　　　) 材料は強いが伸びや絞りが小さく，こわれやすい性質をともなう傾向がある。

(3)　金属材料は，高温で一定荷重を長時間受けていると，時間の経過とともに変形が進行する。この現象を (⁴　　　　　　　) という。

(4)　たえず方向の変わる荷重を繰り返し受けると，その材料に負荷される荷重の大きさがかなり小さくても破壊することがある。このような現象を (⁵　　　　　　　) という。

(5)　金属材料は，一般に (⁶　　　　　　　) では硬さが低下するので容易に変形させることができ，(⁷　　　　　　　) では硬さが増すが，(⁸　　　　　　　) なる傾向がある。炭素の含有量によっては，常温以下の低温になると，衝撃値が急激に低下してもろくなる性質がある。この温度を (⁹　　　　　　　) という。

(6)　(¹⁰　　　　　　　) を減少させるには硬いものと (¹¹　　　　　　　) ものが接触しながら運動するのが好ましい。なお，耐摩耗性は仕上げ面の (¹²　　　　　　　) の影響も受ける。

【語群】	耐摩耗性	破壊	疲労	靭性	耐性	高温	低温	粘り	もろさ
	引張	硬い	降伏	もろく	粘り強い	クリープ	強さ	遷移温度	
	摩耗	軟らかい	硬さや表面性状						

━━■豆知識■━━

金箔と金糸

金は昔から展延性に富む金属として知られ，工芸品に使われる金箔や刺しゅうに用いられる金糸がつくられてきた。昔からのいい伝えによれば，金1匁（3.75 g）は畳2枚（3.3 m²）にひろがり，糸の長さは2里（約8 km）にもなるといわれている。筆者は，特殊な和紙で金の薄板をはさみ，これを何枚も重ねて，さらにたぬき皮で包んで，ハンマで叩いて延ばす金箔の製造工程をテレビで見たことがある。金の密度を19.3 g/cm³ として計算すると，金箔の厚さは約0.00006 mm である。さて，金糸の太さはどのくらいか，円形断面として計算してみてください。

2 金属の結晶と加工性 （機械工作1 p.62～77）

1 金属・合金の結晶と状態変化

1 金属の結晶構造 次の表は金属の結晶構造とその性質を示したものである。（ ）内に適切な語句を記入し，それぞれに該当する代表的な金属名を元素記号で三つずつ記入せよ。

名　　称	（1　　　　　　　　　）	（2　　　　　　　　　）	（3　　　　　　　　　）
結晶構造	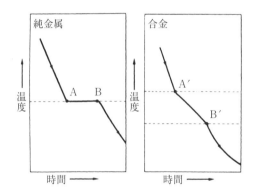		
性　　質	融点が比較的高く，展延性が劣る	展延性はよいが，強さがじゅうぶんでない	展延性が劣り，粘り強さもじゅうぶんでない
金属名	（4　　，　　，　　）	（5　　，　　，　　）	（6　　，　　，　　）

2 金属と合金の状態変化 下の図は純金属と合金の冷却曲線を示したものである。次の文を読み，下の問に答えよ。

純金属

合金

温度

温度

時間 →

時間 →

溶けた純金属と合金を徐々に冷却していくと，点A，A′ で固体の核ができ，その核が成長して点B，B′ ですべてが固体となる。

(1) 点A，Bの温度を何というか。　　　（　　　　　　　　　）

(2) 純金属と合金の状態変化の違いを述べよ。

（　　　　　　　　　　　　　　　　　　　　　　　　　　　　）

3 金属・合金の結晶と状態変化 次の文は金属・合金・結晶構造などについて述べたものである。

( )内に下の語群から適切な語句を選んで記入せよ。

(1) 母体となる金属にほかの金属または非金属を溶かし合わせたものを（**1** ）という。

(2) 合金において，溶かし合わせた金属または非金属の各元素を（**2** ）といい，その成分の割合を（**3** ）という。

(3) 合金において，2種類の成分からできている合金を（**4** ）合金といい，3種類の成分からできているものを（**5** ）合金という。

(4) ふつう，金属は多数の小さな粒状の結晶体の集まりで，この小さな結晶の粒を（**6** ）といい，その集まりかたを示すものを（**7** ）という。

(5) 結晶粒内では，原子が規則正しく配列している。この規則正しい原子の配列を（**8** ）といい，これによって金属の性質が異なる。

(6) 一般に金属は，溶融状態→凝固→常温の冷却過程において，冷却速度が速いと結晶粒は（**9** ）くなる。また同じ金属でも結晶粒が（**10** ）いと，軟らかくて伸びが大きい。すなわち，冷却速度の遅いほうが加工の容易なものができる。

(7) 金属間化合物は，一般に硬いため（**11** ）しにくい。

| 【語群】 結晶粒 結晶体 結晶格子 結晶構造 結晶組織 一元 粘り強い |
| 三元 大き 小さ 成分 組成 組織 もろい 二元 純金属 |
| 合金 化合物 合成物 変形 |

4 固溶体 下の結晶格子に名称を記入し，面心立方格子については置換形固溶体になるように，体心立方格子については侵入形固溶体になるように合金元素を示す●印をそれぞれ四つ記入せよ。

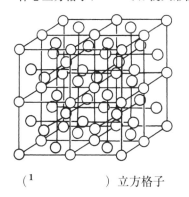

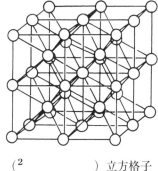

○印は母体金属を示す

（**1** ）立方格子

（**2** ）立方格子

■━**豆知識**■━

アモルファス

一般に，金属は常温では結晶状態を示しているが，溶融状態から1秒間に10万℃以上のスピードで急冷すると，結晶を生成する時間的余裕がないため，原子の配置が無秩序状態で固体になってしまう。このように，結晶状態でない固体になったものがアモルファスで，非晶質ともいわれる。

5　合金の組織　右下の Ⓐ 金属・Ⓑ 金属の全率固溶型状態図について，次の文の（　　）内に適切な語句・数字を記入せよ。

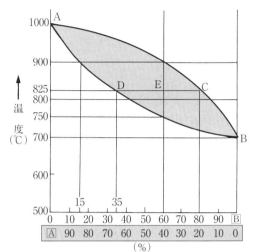

(1)　この合金は，(**1**　　　　　　) 形合金である。

(2)　Ⓐ 金属の凝固点（融点）は (**2**　　　　　　) ℃である。

(3)　Ⓑ 金属の凝固点（融点）は (**3**　　　　　　) ℃である。

(4)　曲線 ACB を (**4**　　　　　) 線といい，これより上は (**5**　　　　　) である。

(5)　曲線 ADB を (**6**　　　　　) 線といい，これより下は (**7**　　　　　) である。

(6)　Ⓐ 金属 40 %，Ⓑ 金属 60 % の合金について，

　(ア)　900 ℃ で固体が (**8**　　　　　) し始める。その固体の組成は，Ⓐ 金属：Ⓑ 金属 = (**9**　　　　　) % : (**10**　　　　　) % である。

　(イ)　900 ℃ ～ 750 ℃ の間では (**11**　　　　　) と固体が共存する。

　(ウ)　825 ℃ のとき，融液の質量：固体の質量 = (**12**　　　　　) : (**13**　　　　　)

　(エ)　そのときの固体の組成は，Ⓐ 金属：Ⓑ 金属 = (**14**　　　　　) % : (**15**　　　　　) %

　(オ)　そのときの融液の組成は，Ⓐ 金属：Ⓑ 金属 = (**16**　　　　　) % : (**17**　　　　　) %

　(カ)　(**18**　　　　　) ℃ で凝固が完了し，組成は Ⓐ 金属：Ⓑ 金属 = (**19**　　　　　) % : (**20**　　　　　) % に戻る。

■豆知識■

融液と固体の質量や組成などの求め方

平衡状態図は，合金の種々の組成の冷却曲線からつくったものである。このことを念頭におくことで，融液と固体が共存する状態での組成や，質量の比率を容易に求めることができる。たとえば上の図において，40 % A － 60 % B 金属の合金が 825 ℃ のときの液体の組成は，液相線との交点 C，すなわち 20 % A － 80 % B と求められる。同様に，固体の組成は固相線との交点 D から 65 % A － 35 % B と求められる。また，点 C は融液 100 %（固体 0 %），点 D は固体 100 %（融液 0 %）なので，線分 DE から融液が占める質量を，線分 CE から固体が占める質量を求めることができる，そこから融液と固体の質量の比率を求めることができる。

6 共晶型の状態図 右下の図の Ⓐ 金属・Ⓑ 金属の二元合金状態図について，次の文の（　　　）内に適当な語句または記号を記入して完成させよ。

(1) この合金は（**1**　　　　　）型合金である。

(2) Ⓐ 金属の凝固点は点（**2**　　　　　）の温度である。

(3) Ⓑ 金属の凝固点は点（**3**　　　　　）の温度である。

(4) 曲線 AEB が（**4**　　　　　）線で，これより上は（**5**　　　　　）である。

(5) 直線 CED が（**6**　　　　　）線で，これより下は（**7**　　　　　）である。

(6) 合金 P，すなわち，Ⓐ 金属：Ⓑ 金属 ＝ p（**8**　　　　　）：p（**9**　　　　　）の合金の融液を冷却するとき，

　(ア) 点 L_p の温度で（**10**　　　　　）金属が晶出し始める。

　(イ) 点 L_p〜点 C_p の温度では Ⓐ 金属の固体と（**11**　　　　　）が共存し，ちょうど Ⓐ 金属と Ⓑ 金属が溶けて混ざり合った融液の中に Ⓐ 金属がシャーベット状になって溶け込んだような形となっている。

　(ウ) 点 G の温度では，Ⓐ 金属の質量：融液の質量 ＝（**12**　　　　　）：（**13**　　　　　）で，この融液中の Ⓐ 金属の組成は（**14**　　　　　）である。

　(エ) 点 C_p の温度で，融液中の Ⓐ 金属の組成は（**15**　　　　　）となり，Ⓐ 金属と Ⓑ 金属が同時に晶出して，（**16**　　　　　）組織となる。

(7) 合金 E，すなわち，Ⓐ 金属：Ⓑ 金属 ＝ e（**17**　　　　　）：e（**18**　　　　　）の合金の融液を冷却すると，点 E の温度で融液のすべてが Ⓐ 金属と Ⓑ 金属を同時に晶出して，共晶組織となる。点 E を（**19**　　　　　）点という。

(8) 合金 Q，すなわち，Ⓐ 金属：Ⓑ 金属 ＝ q（**20**　　　　　）：q（**21**　　　　　）の合金の融液を冷却するとき，

　(ア) 点 L_q の温度で（**22**　　　　　）金属が晶出し始める。

　(イ) 点 L_q〜点 C_q の温度では（**23**　　　　　）金属の固体と融液が共存する。

　(ウ) 点 J の温度では，Ⓑ 金属の質量：融液の質量 ＝（**24**　　　　　）：（**25**　　　　　）で，この融液中の B 金属の組成は（**26**　　　　　）である。

　(エ) 点 C_q の温度で，融液の組成は（**27**　　　　　）金属：（**28**　　　　　）金属 ＝ be：ae となり，Ⓐ 金属と Ⓑ 金属が同時に晶出して共晶組織になる。

(9) 合金の両金属が，融液では完全に溶け合うが，固体では溶け合わず，凝固点で同時に晶出する現象を（**29**　　　　　）といい，その組織は両金属の微細な結晶が混じり合っている。

⑽ 下の三つの図は、それぞれ組成 p, e, q の合金の組織を示したものである。図の下の
（　）内に組成の記号を記入せよ。

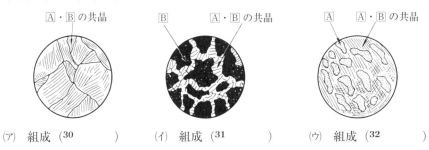

（ア）組成（**30**　　　　） （イ）組成（**31**　　　　） （ウ）組成（**32**　　　　）

⑾ 下の図は、共晶型二元合金の共晶と、晶出した金属 Ⓐ・Ⓑ の割合を示したものである。点
e の組成の合金（A 金属：B 金属 ＝ be:ae）では、全部が共晶（Ee）となる。次の組成の金
属の各金属と共晶の割合を答えよ。

（ア）点 p の組成の合金

Ⓐ 金属：共晶 ＝ （**33**　　　　）：（**34**　　　　）

（イ）点 q の組成の合金

Ⓑ 金属：共晶 ＝ （**35**　　　　）：（**36**　　　　）

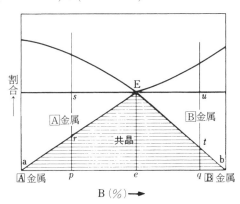

2 金属材料の変形と結晶

1　金属の変形　次の文は金属の変形について述べたものである。(　　)内に弾性または塑性の語を記入せよ。

(1)　物体に外力を加えて変形させたとき，外力を取り去るともとに戻る変形を (**1**　　　　　) 変形といい，外力を取り去っても残る変形を (**2**　　　　　) 変形という。

(2)　ゴムは (**3**　　　　　) 変形しやすいが，(**4**　　　　　) 変形しにくい。また，粘土は，(**5**　　　　　) 変形しやすいが，(**6**　　　　　) 変形しにくい。

(3)　陶・磁器のように，硬くてもろい材料は(**7**　　　　) 変形も (**8**　　　　) 変形もしにくい。

(4)　金属材料に (**9**　　　　　) 変形を起こさせて，目的の形状にする加工法を塑性加工という。

2　再結晶　次の文は加工硬化と再結晶について述べたものである。(　　)内に適切な語句を記入せよ。

(1)　塑性変形により，結晶にひずみが生じて硬さが増し，伸びにくくもろくなる現象を (**1**　　　　　) という。

(2)　結晶にひずみの生じた金属材料をある温度以上に加熱すると新しい結晶に置き替わる。これを (**2**　　　　　) といい，また，この温度を (**3**　　　　　) 温度という。

(3)　再結晶温度以下で行う加工を (**4**　　　　) 加工といい，再結晶温度以上で行う加工を (**5**　　　　) 加工という。

3　加工硬化　次の文は加工硬化について説明したものである。(　　)内の正しいものを○でかこめ。

(1)　常温で，金属材料をたたいたり，伸ばしたりすると，硬さが (**1**　増し　減り)，(**2**　弱く　強く) なると同時に展延性が (**3**　よく　わるく) なる。

(2)　加工硬化した金属材料をさらに加工していくには，加える力をしだいに (**4**　小さく　大きく) する必要がある。

(3)　加工度が大きくなるにしたがって引張強さが (**5**　増し　減り)，伸びは (**6**　増大　減少) する。

4　加熱温度と機械的性質　右の図は加熱温度と機械的性質の関係を示したものである。(　　)内に下の語群から適切な語句を選んで記入せよ。

①　(　　　　　　　)　②　(　　　　　　　)

③　(　　　　　　　)　④　(　　　　　　　)

【語群】　硬さ・引張強さ　　伸び・絞り　　内部応力
　　　　結晶粒の大きさ

③　金属材料の加工性

1　金属材料の加工性　次の各文は金属の加工性について説明したものである。関連のあるものを下から選び，（　　）内に記入せよ。

〔加工性〕　　　　　〔加工法〕

(1)　高温度に加熱すると，溶けて流動状態になる。　(**1**　　　　　　)(**2**　　　　　　)

(2)　大きな力を加えると，薄くなったり細くなったりする。(**3**　　　　　　)(**4**　　　　　　)

(3)　刃物を使って削り取り，所要の形にする。　(**5**　　　　　　)(**6**　　　　　　)

【加工性】　被削性　　可融性　　展延性

【加工法】　塑性加工　　切削加工　　鋳造

2　金属材料の性質と加工法　次にあげた加工法は，材料のどのような性質を利用しているか。下の加工性の中から適切なものを選び，（　　）内に記入せよ。

(1)　圧延加工（**1**　　　　　　）　(2)　穴あけ（**2**　　　　　　）　(3)　溶接（**3**　　　　　　）

(4)　鍛造（**4**　　　　　）　(5)　のこ引き（**5**　　　　　）　(6)　鋳造（**6**　　　　　）

(7)　研削（**7**　　　　　）　(8)　曲げ加工（**8**　　　　　）

【加工性】　被削性　　可融性　　展延性

3　加工性と加工法　下の図は金属材料の加工性と加工法の関係を示したものである。（　　）内に適切な語句を記入せよ。

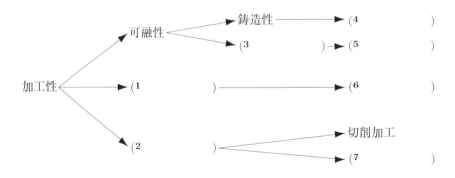

■**豆知識**■

非破壊検査

材料や製品を破壊することなく，内部の傷や欠陥を発見する検査法には，磁気探傷法，けい光探傷法，超音波探傷法，X線探傷法，放射線探傷法などがある。材料や製品の直接検査ができ，また，全数検査が可能なので，材料や製品への信頼度が高くなる。

③ 鉄鋼材料 （機械工作1 p.78〜107）

① 鉄鋼の製法

1 鉄鋼の製法 次の文および図は鉄鉱石から溶洗までの製造工程を説明したものである。図の高炉と付属装置を参考にして，文中の（　　）内に下の語群から適切な語句を選んで記入せよ。

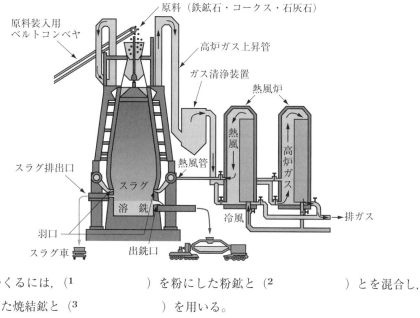

銑鉄をつくるには，（**1**　　　　　　）を粉にした粉鉱と（**2**　　　　　　）とを混合し，塊にして焼結した焼結鉱と（**3**　　　　　　）を用いる。

焼結鉱と（**4**　　　　　　）は交互に（**5**　　　　　）の中に入れ，高炉の羽口から高温に熱した（**6**　　　　）を吹き込む。原料のコークスが燃焼し約（**7**　　　　）℃ の高温になると，焼結鉱は溶融し，焼結鉱に含まれる（**8**　　　　　）がコークス中の（**9**　　　　　　）（一酸化炭素）と反応して（**10**　　　　）され，溶銑になる。

そして，（**11**　　　　　）や（**12**　　　　　　）で銑鉄を鋼にして，（**13**　　　　　　　　）や（**14**　　　　　　）で鋼材がつくられる。

【語群】	電気炉 熱風炉 転炉 高炉 熱風 空気 1500 酸化鉄 銑鉄
	コークス 石灰石 鉄鉱石 溶鋼 炭酸ガス 鋼塊 連続鋳造設備
	一酸化炭素 還元 分塊圧延機

② 炭素鋼の性質と分類

1 炭素鋼の性質と分類 次の文は炭素鋼の性質と分類について述べたものである。( )内に適切な語句・数字を記入せよ。

(1) 鉄鋼材料の (¹   ) に大きな影響を与える (²   ) は炭素であり，この炭素の (³   ) によって，(⁴   )・(⁵   )・(⁶   ) の三つに大別される。

(2) 炭素鋼は最大 (⁷   ) ％までの炭素を含む，(⁸   ) と (⁹   ) の合金である。炭素のほかに，(¹⁰   ) のため鋼の中に残留する (¹¹   )，(¹²   ) などや，微量の (¹³   ) として (¹⁴   )，(¹⁵   ) も含んでいる。

③ 純鉄の変態と結晶構造

1 純鉄の変態と結晶構造 純鉄は，常温から徐々に加熱すると，融液になるまでに，固体の状態で変態を起こす。次の表はそのときの様子をまとめたものである。空欄に適当な語句や図を記入せよ。

温度（℃）		911	1392	(¹)	
鉄の名称	(²)		γ鉄	(³)	（融液）
結晶構造図					
名　称	(⁴)	(⁵)		体心立方格子	
変態名称		(⁶) 変態	(⁷) 変態		

2 炭素含有量と標準組織の関係 鉄鋼は，炭素量や組織によっていろいろな名称がある。次の表の空欄に，炭素量による分類にならって亜共析鋼などの炭素鋼と鋳鉄の炭素の量の範囲を記入して表を完成させよ。

炭素の量（％）				1	2	3
炭素鋼	炭素量	低炭素鋼	0.3％未満			
		中炭素鋼	0.3 0.6％未満			
		高炭素鋼	0.6 2.14％			
	組織	亜共析鋼				
		共析鋼				
		過共析鋼				
鋳　鉄						

4 炭素鋼の組織と熱処理

1　炭素鋼の組織　次の A 群の炭素鋼の組織名と関係のあるものを B 群，C 群から選び，線で結べ。

【A 群】	【B 群】	【C 群】
(1)　オーステナイト]・	・a　α鉄に炭素を固溶した組織]	・ア　炭素を固溶できる量が少なくやわらかい
(2)　セメンタイト]・	・b　γ鉄に炭素を固溶した組織]	・イ　Fe_3C の組織で硬くてもろい
(3)　パーライト]・	・c　鉄と炭素の化合物]・	・ウ　共析組織で，硬い
(4)　フェライト]・	・d　フェライトとセメンタイトの層状組織]	・エ　高温での組織である

2　炭素鋼の状態図　右の図は炭素鋼の状態図の一部を示したものである。次の順序で図を色わけせよ。また，下の問に答えよ。

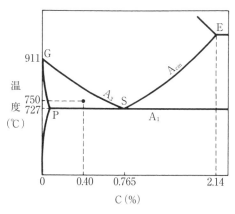

(1)　オーステナイトの領域………赤の斜線

(2)　フェライトの領域…………青の斜線

(3)　パーライトを含む領域………赤の線

(4)　0.765 % C の炭素鋼を何というか。

（**1**　　　　　　　　）

(5)　・で示した 0.4 % C の炭素鋼の 750 ℃ における組織名を記入せよ。

（**2**　　　　　　　　　　　）

また，これを徐冷した場合の常温における組織名を記入せよ。

（**3**　　　　　　　　　　　）

3　炭素含有量と組織　炭素鋼の炭素含有量を調べるため顕微鏡で組織を観察すると，左下の図のように初析フェライトが 38 %，パーライトが 62 % であった。右下の図を使って，炭素含有量を求めよ。

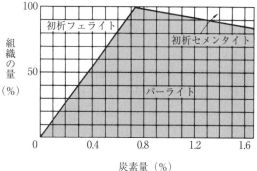

答　炭素含有量 = ［　　　　］%

4　いろいろな熱処理　次のA群，B群の文はそれぞれ炭素鋼（0.6 % C）の熱処理の目的，方法を述べたものである。関係のあるものを線で結べ。また，A群の（　　）内に，下の語群から適切な語句を選んで記入せよ。

【A群】　　　　　　　　　　　　　　　　　【B群】

(1)　焼入れした鋼は，内部応力のため硬くてもろいので，粘り強さを回復させる。

（　　　　　　　　　）

・a　適当な温度に加熱して保持したのち徐冷（炉冷）する。

(2)　材料の内部応力の除去や冷間加工性の改善，また被削性の向上などを図る。

（　　　　　　　　　）

・b　約 800℃ に一定時間保ってから空冷する。

(3)　加工によって乱れた鋼の組織を標準の組織に直したり，製品の内部のひずみを除去する。

（　　　　　　　　　）

・c　約 800℃ に加熱して保持したのち急冷する。

(4)　材料の硬さを増したり，標準組織でない中間組織を得る。

（　　　　　　　　　）

・d　727℃ 以下の適当な温度に再加熱し，一定時間保ったのち急冷する。

> 【語群】　焼ならし　　焼なまし　　焼入れ
> 　　　　　焼戻し

5　炭素鋼の焼戻し温度と機械的性質　次の文は焼戻し温度と機械的性質の関係を述べたものである。下の図を参考にして（　　）内に適切な語句・数字を記入せよ。

(1)　焼戻し温度を高くすると（**1**　　　　　　）や（**2**　　　　　　）・降伏点は減少するが，

（**3**　　　　　　）や（**4**　　　　　　）・衝撃値は増大する。

(2)　焼戻し温度が 300℃ のときの硬さは，700℃ のときの硬さの約（**5**　　　　　　）倍である。

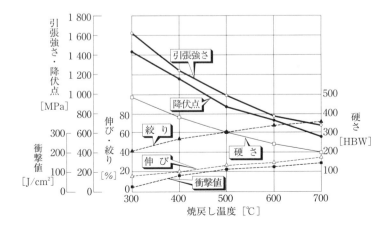

6 質量効果 次の文は鋼の焼入れにおける質量効果について述べたものである。（　　）内の適切な語句を選んで○でかこめ。

(1) 同じ組成の鋼材を同じように焼入れしても，材料の太さや厚さによって冷却速度が異なり，焼入れの程度も異なる。これを質量効果といい，炭素鋼は質量効果が（**1** 大きい　小さい）。

(2) 材料の径が大きくなると，内部は焼入れ硬さが（**2** 大きく　小さく ）なる。これは，内部では冷却速度が（**3** 大きく　小さく ）なるためである。

(3) 炭素鋼に Mo，Cr，Mn などを加えると質量効果は（**4** 大きく　小さく ）なる。

(4) 質量効果の（**5** 大きい　小さい ）鋼は，冷却速度を大きくしなくてもよい。

7 冷却速度と変態 次の文は共析鋼の冷却速度と変態について述べたものである。下の図を見て，（　　）内に適当な用語を記入せよ。

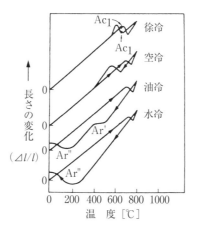

(1) 冷却速度は，常温で得られる（**1**　　　　　）に大きな影響を及ぼし，その結果，同一の炭素鋼でも強さ・（**2**　　　　　）・（**3**　　　　　）などの（**4**　　　　　）が異なってくる。

(2) 一様なオーステナイト組織の共析鋼を（**5**　　　　　）すると 727 ℃で変態は起こり，（**6**　　　　　）した場合には約 600 ℃で起こる。（**7**　　　　　）すると，約 500 ℃で一部分において変態が起こり，残りの部分は 200 ℃で起こる。（**8**　　　　　）の場合には，約 200 ℃で変態が起こる。これらの変態に伴って炭素鋼は（**9**　　　　　）する。

⑤ 炭素鋼の種類と用途

1　炭素鋼の種類と用途　次の文は炭素鋼の用途について述べたものである。（　　）内に適当な語句・数字を記入して完成させよ。

⑴　炭素鋼は一般に，（1　　　　　　　）% C 以下のものは構造用に用いられ，それ以上のものは工具用に使われる。

⑵　材料記号を SS400 のように表す材料名（鋼種）は（2　　　　　　　　　　　）で，数字は（3　　　　　　　　　）を表す。

⑶　材料記号を S30C のように表す材料名（鋼種）は（4　　　　　　　　　　）で，数字は（5　　　　　　　）の代表値を（6　　　　　　　）倍した数値である。

⑷　炭素工具鋼鋼材の材料記号は（7　　　　　　　）である。

2　炭素鋼の加工性　次の文は炭素鋼の加工性について述べたものである。（　　）内に，下の語群から適切な語句を選んで記入せよ。

⑴　炭素の量が多くなるにしたがって，（1　　　　　　　）・引張強さが大きくなり，切削しにくくなる。

⑵　鋳鉄に比べて湯流れが悪く（2　　　　　　）をしにくい。

⑶　（3　　　　　　）で塑性加工するときは炭素量の影響は少ない。

⑷　溶接では，炭素の量が多くなると，冷却したときに（4　　　　　　）が発生しやすい。

⑸　炭素量の少ないものは（5　　　　　　）が大きいので，線材や板材に適している。

⑹　赤熱状態での（6　　　　　　）では，もろくなって割れが生じることがある。この現象を赤熱脆性といい，機械構造用炭素鋼では（7　　　　　　）の含有量が 0.035 % 以下と規定されている。

【語群】	切削加工	鋳造	塑性加工	硬さ	圧縮	低温	高温	割れ
	ブローホール	ひずみ	可融性	展延性	硫黄	ケイ素	マンガン	

─■豆知識■─

ベッセマー転炉

ベッセマーは 1854 年に自身が発明した，新式の回転式砲弾用の丈夫な鋼製の大砲をつくる必要性から「製鉄・製鋼法の改良」の特許を 1855 年に取りました。それは，溶銑に空気を吹き込んで溶銑中の余分な炭素などを燃やし，極めて短時間に溶鋼を得る「転炉」でした。さらに当時固定式であった炉を改良して，手動で傾かせて出鋼できるようにしました。これこそがこんにちの「転炉」のもととなった「ベッセマー転炉」で，この炉の出現によって鋼の大量生産が可能になりました。

6 合金鋼・特殊鋼

1 合金鋼の種類と性質 次の文は合金鋼の種類と性質について述べたものである。（　）内に，下の語群から適切な語句を選んで記入せよ。

(1) 合金鋼は，(**1**　　　　　　)・焼入れ性・(**2**　　　　　　)・耐熱性・(**3**　　　　　　)の向上などさまざまな要求に応えるために(**4**　　　　　　)に各種の合金元素を加えたものである。

(2) 重要な機械部品に用いるために引張強さを大きくするとともに(**5**　　　　　)を向上させた(**6**　　　　　)や，橋，高圧容器などの大型溶接構造物を軽量化するために引張強さとともに(**7**　　　　　)にもすぐれた(**8**　　　　　)などは，(**9**　　　　　)に分類される。

(3) やすりなどの手工具には(**10**　　　　　　)を，バイトなどの切削工具には(**11**　　　　　　)やモリブデンを添加した(**12**　　　　　　)を，また種々の元素を添加して必要な性質を向上させて手工具や丸のこの刃そしてプレスや鍛造などの金型にも用いる(**13**　　　　　)は，(**14**　　　　　)に分類される。

(4) 合金元素のうち(**15**　　　　　)は，引張強さ・焼入れ性・焼戻し硬さ・耐摩耗性・耐熱性・耐食性などさまざまな性質の向上に有効である。

【語群】　引張強さ　　粘り強さ　　耐食性　　被削性　　溶接性　　疲労限度　　耐摩耗性　　炭素鋼　　高炭素鋼　　強靭鋼　　高張力鋼　　快削鋼　　ケイ素鋼　　靭性　　炭素工具鋼　　合金工具鋼　　高速度工具鋼　　機械構造用合金鋼　　モリブデン　　工具用合金鋼　　特殊用途用合金鋼　　タングステン

2 各種の合金鋼 次の文にあてはまる合金鋼名を下の語群から選んで，（　）内に記入せよ。

(1) 溶接性・靭性・耐候性を向上させるために，ケイ素，マンガンや少量の銅，ニオブ，ニッケル，クロム，モリブデン，バナジウムを加えた低炭素低合金鋼。　　　（　　　　　　　）

(2) 焼入れ性を高め，焼戻しによる軟化を改善するために，クロム，タングステン，バナジウム，ニッケルを加えた鋼。　　　　　　（　　　　　　　）

(3) 被削性をよくするために，硫黄，マンガンやリンまたは鉛を加えた鋼。
　　　　　　　　　　　　　　　　　　　　　　　　（　　　　　　　）

(4) 弾性限度や疲れ強さを高めた鋼。　　　　　　（　　　　　　　）

(5) 高温でも引張強さや硬さが減少しないよう，多量のクロムやニッケルを加えた鋼。
　　　　　　　　　　　　　　　　　　　　　　　　（　　　　　　　）

【語群】　耐食鋼　　耐熱鋼　　靭鋼　　高張力鋼　　合金工具鋼　　快削鋼　　ばね鋼　　ステンレス鋼

3　各種の合金鋼の性質　次の文は合金鋼の性質について述べたものである。（　）内に適当な語句・数字を記入せよ。

(1)　18Cr-8Ni ステンレス鋼は，（1　　　　　　　　　）系に分類され，ステンレス鋼のなかでもすぐれた（2　　　　　　）を示す。また，プレス加工や溶接もしやすい。このため化学装置などに広く用いられている。しかし，（3　　　　　　）℃ 付近の高温に長時間さらされた場合には，クロムの（4　　　　　　）が結晶粒界付近に析出して（5　　　　　　）を起こすことがあり，それが進行すれば（6　　　　　　）割れが生じることさえある。また，塑性加工などによる（7　　　　　）が残ったままの製品を（8　　　　　）の溶液の中で使用すると，応力腐食割れを起こすことがある。

(2)　鋼に残存した硫黄は（9　　　　　　　　　）の原因となるので好ましくないが，（10　　　　　　）を改善する働きがある。そこで強度があまり要求されない部品には硫黄とともにマンガンを加えた（11　　　　　　　　）や，リンまたは鉛を硫黄と組み合わせて添加した（12　　　　　　　）が部品の生産に使われている。

4　合金鋼の加工性　次の文は合金鋼の加工性について述べたものである。（　）内に，下の語群から適切な語句を選んで記入せよ。

(1)　一般に合金鋼は，融点が高いうえ，（1　　　　　　）が大きく，巣の発生が起こりやすく，鋳鉄に比べて（2　　　　　）が悪い。

(2)　炭素量の多い合金鋼は，硬くて常温付近の（3　　　　　　　）はしにくいが，赤熱状態の高温での加工は容易である。なお，炭素量の低い 18Cr-8Ni ステンレス鋼の加工硬化は，炭素鋼よりも（4　　　　　　）。

(3)　合金鋼は，一般に炭素鋼よりも硬さや靭性が大きいので，（5　　　　　　）が悪い。また，鍛造・圧延加工した合金鋼は硬いので，切削は（6　　　　　　）による軟化処理後に行う必要がある。

【語群】	大きい　　小さい　　少ない　　多い　　焼入れ　　焼戻し　　焼なまし　　溶接
	焼ならし　　収縮率　　膨張率　　鋳造　　塑性加工　　鋳造性　　被削性

7　鋳　鉄

1　鋳鉄の組識と性質　次の文は鋳鉄の組織と性質について述べたものである。（　　）内に適当な語句・数字を記入，あるいは（　　）内の適切な語句を選んで○でかこめ。

(1)　鋳鉄は，（1　　　　　　　　）に鋳鉄くずや鋼くずを溶かし合わせてつくる。鋳鉄は，状態図のうえでは（2　　　　　　）％ C を含む Fe-C 系合金であるが，実際には約（3　　　　　　）％ C,（4　　　　　　）％ Si までのものが多く使われる。

(2)　鋳鉄は，融液からの冷却速度によって，炭素はセメンタイトになることもあれば，一部または全部が黒鉛になることもある。このことから，鋳鉄中の炭素が鉄と化合してセメンタイトとして存在する鋳鉄を（5　　　　　　　　），鋳鉄中の炭素が遊離して黒鉛の状態で存在する鋳鉄を（6　　　　　　　　）という。なお，冷却速度がはやい場合には，炭素は（7　　　　　　　　）になりやすい。

(3)　鋳鉄の組織に最も大きな影響を与えるものは，炭素，ケイ素の量と冷却速度である。鋳鉄中の炭素やケイ素の量が（8　多い　少ない）場合や，冷却速度が（9　はやい　遅い）と炭素が黒鉛になりやすく，炭素やケイ素の量が（10　多い　少ない）場合や，冷却速度が（11　はやい　遅い）と炭素がセメンタイトになりやすい。

(4)　鋳鉄は鋼に比べて融点が（12　低く　高く）鋳造性はよいが，（13　　　　　　　）性質が劣り，とくに（14　　　　　　）に乏しいため，その使用範囲が狭められていたが，最近はこれらが改善されたすぐれた鋳鉄もつくられている。

2　鋳鉄の種類　次の文にあてはまる鋳鉄名を下の語群から選んで（　　）内に記入せよ。

(1)　炭素が遊離して片状黒鉛として析出し，破面が灰色をしていて加工しやすい。

（1　　　　　　　　　　　）

(2)　溶融状態の鋳鉄にマグネシウム，カルシウム，セリウムを入れて炭素を球状化し，強さが大きい。

（2　　　　　　　　）

(3)　被削性は悪いが，鋳鉄中最高の耐熱性をもつ。

（3　　　　　　　　）

(4)　白鋳鉄を熱処理して展延性を与えたもので，伸びは大きく，引張強さも大きい。

（4　　　　　　　　）

【語群】	可鍛鋳鉄　　ねずみ鋳鉄　　高クロム鋳鉄　　球状黒鉛鋳鉄　　ニレジスト鋳鉄
	まだら鋳鉄　　白鋳鉄

3　鋳鉄の加工性　次の文は鋳鉄の加工性について述べたものである。（　　）内に適当な語句を記入せよ。

(1)　一般に鋳鉄は炭素鋼に比べて，融点が（**1**　　　　　）いために湯の酸化は少なく，

（**2**　　　　　）もよい。また，凝固にさいしての（**3**　　　　　）が小さいため，よい鋳物ができる。

(2)　一般に鋳鉄の被削性は炭素鋼に比べて（**4**　　　　　）。

4　鋳鉄の機械的性質　ねずみ鋳鉄と軟鋼の次の機械的性質を比較して，ねずみ鋳鉄の方がすぐれているものの番号に○を付けよ。

(1)　引張強さ　　　(2)　粘り強さ　　　(3)　硬さ　　　　(4)　鋳造性

(5)　減衰能　　　　(6)　展延性　　　　(7)　耐摩耗性

━━■豆知識■━━

レール

車輪が発明されて重い物体の輸送が行われだすと，地面に轍（わだち）ができるようになりました。そこで車輪が通る所にだけ板や石を敷き詰められるようになり，16世紀中頃にはドイツの鉱山で木製のレールが，1738年にはイギリスで鋳鉄製のレールがつくられました。鋳鉄製レールには折損しやすいという欠点がありましたが，それ以前の木製レールに比べると大変すぐれていたので，鋼が大量生産されはじめるまで長く使用されました。鋼製のレールをはじめて使用したのは1857年イギリスのダービー地方のミッドランド鉄道で，この鋼製レールは，それまで3か月ごとに替えねばならなかった特定区間において，16年間も交換せずに使用できるものでした。

鉄道レールは圧延技術の発達から鋼製に替わり，また，鋳鉄については，20世紀中ごろに当時発明された接種技術により高級鋳鉄ともよばれるミーハナイト鋳鉄や球状黒鉛鋳鉄が開発されました。これにより鋳鉄の機械的性質は著しく向上し，その特徴を生かした多種多様な鋳鉄鋳物がつくられるようになりました。

4 非鉄金属材料 （機械工作1　p. 108〜121）

1 アルミニウムとその合金

1 アルミニウムの性質　次の文はアルミニウムについて述べたものである。（　　）内に適切な語句・数字を記入せよ。

(1) アルミニウムの特徴は，(^{1}　　　　　　　）ことで，密度は鉄の約 $\frac{1}{3}$ の（^{2}　　　　　　）g/cm^3 である。また，（^{3}　　　　　　　　）で（^{4}　　　　　　）と成形性がよい。

(2) アルミニウムの表面に酸化膜をつくり，耐食性を向上させる陽極酸化処理を（^{5}　　　　　　　　）ともいう。

(3) アルミニウムの地金は，原材料として，（^{6}　　　　　　）・（^{7}　　　　　　　）・（^{8}　　　　　　）・（^{9}　　　　　　）・鍛造などの加工が行われる。

2 展伸用アルミニウム合金　次の文は展伸用アルミニウム合金について述べたものである。（　　）内に，下の語群から適切な語句を選んで記入せよ。

(1) A（^{1}　　　　　）は，純アルミニウムより強さが約 10 % 大きく，（^{2}　　　　　　　　）・（^{3}　　　　　　）にすぐれた非熱処理系の（^{4}　　　　　　　　）系の耐食アルミニウム合金である。

(2) 2000 番台のアルミニウム合金は熱処理，すなわち（^{5}　　　　　　）処理につづく（^{6}　　　　　　　）処理によって（^{7}　　　　　　　）を改善することができる。たとえば，Al-4.0 % Cu 合金では，（^{8}　　　　　）処理によって，（^{9}　　　　　）を過飽和に固溶した（^{10}　　　　　　　）が（^{11}　　　　　　）を析出して（^{12}　　　　　　）状態に移行する過程での硬化現象を利用したものである。

(3) 高力アルミニウム合金に分類される（^{13}　　　　　　　）系の A（^{14}　　　　　　）は，アルミニウム合金中最高の強さをもつ合金である。

【語群】	2000	3003	7075	加工性	耐食性	耐食	耐熱	Al-Mn	銅
	アルミニウム	CuAl$_2$	Al-Zn-Mg	溶体化	化学的性質	時効硬化			
	機械的性質	平衡							

3 アルミニウムとその合金の加工性　次の文はアルミニウムとその合金の加工性について述べたものである。（　　）内に，適切な語句を記入せよ。

(1) アルミニウム合金は，炭素鋼に比べて融点がはるかに（^{1}　　　　　　）く，（^{2}　　　　　　）にすぐれ，（^{3}　　　　　）加工，（^{4}　　　　　　）加工なども容易である。

(2) 被削性については，切削抵抗が炭素鋼に比べて低いが，合金元素の量の少ないアルミニウム合金によっては，切りくずが長くつながり，（^{5}　　　　　　　）ができやすく，仕上げ面は（^{6}　　　　　）なる。したがって，よい仕上げ面を得るには，刃物の（^{7}　　　　　　　）を大きくし，（^{8}　　　　　）切削で切削油剤を（^{9}　　　　　　）注ぐとよい。

2 マグネシウムとその合金

1 マグネシウムとその合金の性質と用途　マグネシウムは密度が 1.74×10^3 kg/m^3 で，アルミニウムの約 66 % と，実用される構造用金属材料中最も軽量である。このため，マグネシウム合金鋳物を中心に年々需要が増している。マグネシウム合金の特徴を記入せよ。

(1)　_____

(2)　_____

(3)　_____

(4)　_____

(5)　_____

(6)　_____

2 マグネシウムとその合金の加工性　次の文はマグネシウムとその合金の加工性について述べたものである。（　）内に，適切な語句・数字を記入せよ。

(1)　マグネシウム合金は，常温では，結晶構造が（^{1}　　　　　　　　　　）のため，（^{2}　　　　　　　　）がよくない。このため，加工をするさいには再結晶温度以上の温度が必要であり，一般に，（^{3}　　　　　　　）～（^{4}　　　　　　　）℃ の温度であれば，加工性が向上する。

(2)　切削加工をする場合は，（^{5}　　　　　　　　）に気を付けて作業することが重要である。

3 チタンとその合金

1 チタンとその合金の性質と用途　次の文はチタンとその合金について述べたものである。（　）内に適当な語句・数字を記入せよ。

(1)　チタンは密度が（^{1}　　　　　　　　）kg/m^3 と小さいうえに，引張強さが軟鋼並みの（^{2}　　　　　　　　）MPa もあるので（^{3}　　　　　　　　）が大きく，融点は鉄より（^{4}　　　　　　　）℃ も高い 1668 ℃ である。また，耐熱性や耐食性にすぐれており，これらの特徴から（^{5}　　　　　　　）を利用して冷却する熱交換器などに用いられている。

(2)　アルミニウムとバナジウムを含む（^{6}　　　　　　　　　　）系合金は代表的なチタン合金で，（^{7}　　　　　　　　）を施せば伸びが（^{8}　　　　　　　）% にも達するので塑性加工もしやすくなり，しかも，その引張強さは（^{9}　　　　　　　）MPa，耐力は（^{10}　　　　　　　）MPa と極めて大きい。

2 チタンとその合金の加工性　次の文はチタンとその合金の加工性について述べたものである。（　）内に，適切な語句や数字を記入せよ。

(1)　チタンは，高温で酸素や窒素との親和力が大きく，（^{1}　　　　　　　　）なるため注意が必要である。

(2)　チタン合金のうち，引張強さ（^{2}　　　　　　　）MPa 以上のものは圧延加工がむずかしい。

④　銅とその合金

1　銅とその合金　次の文は銅およびその合金について述べたものである。（　　）内に適当な語句・数字を記入せよ。

⑴　銅は（¹　　　　　）や（²　　　　　）の伝導性がよく，大気中や海水に対する（³　　　　　）にすぐれている。また，加工もしやすく，そのうえ（⁴　　　　　）や（⁵　　　　　）が美しいので古くから使われている。しかし，（⁶　　　　　）や（⁷　　　　　）が十分でないので構造用材料には適さない。

⑵　丹銅は，（⁸　　　　　）に（⁹　　　　　）を（¹⁰　　　　　）％未満加えた合金で，色が美しい。また，（¹¹　　　　　）ができることから建築材料や家具用部品に使われている。

⑶　黄銅は，（¹²　　　　　）と（¹³　　　　　）の合金で真ちゅうともいわれる。

⑷　青銅は，（¹⁴　　　　　）と（¹⁵　　　　　）の合金で，（¹⁶　　　　　），被削性，耐食性がよく，機械的性質もすぐれている。

⑸　六四黄銅は，（¹⁷　　　　　）に（¹⁸　　　　　）を（¹⁹　　　　　）％加えた合金で，黄銅の中でも強さが大きく，価格も安い。

⑹　七三黄銅は，真ちゅうの中で最も伸びが（²⁰　　　　　），強さも相当あり，（²¹　　　　　）加工ができ展伸用に適している。

⑺　（²²　　　　　）加工を行った黄銅の管や棒などの素材を用いた製品を長期間使用していると，（²³　　　　　）方向に割れが入ることがある。この現象を（²⁴　　　　　）といい，この現象を防ぐには，冷間加工直後に（²⁵　　　　　）は200〜300℃，（²⁶　　　　　）は170〜200℃で低温（²⁷　　　　　）を行う。

⑻　ニッケルと亜鉛を含む（²⁸　　　　　）は色が白い銅合金で，光沢が美しく，さらに（²⁹　　　　　）や（³⁰　　　　　）がよいので，各種ばねや医療機器，あるいは（³¹　　　　　）に加工されている。

⑼　ニッケルを含む（³²　　　　　）は，耐食性にすぐれ，とくに（³³　　　　　）がよいので，（³⁴　　　　　）などに用いられている。

2　銅とその合金の加工性　次の文は銅とその合金の加工性について述べたものである。（　　）内に，適切な語句を記入せよ。

⑴　銅とその合金は，一般に（¹　　　　　）にすぐれている。とくに青銅は，融解が容易で，湯の流れがよく，収縮率も（²　　　　　）ので，銅合金中で最も鋳造がしやすい。

⑵　（³　　　　　）は全般にすぐれ，塑性加工が容易である。被削性は，純銅は軟らかく粘いので削り（⁴　　　　　）。したがって刃物の（⁵　　　　　）を大きくするか，（⁶　　　　　）切削を行うとよい。なお，切削熱による熱膨張が大きいので，寸法（⁷　　　　　）を起こしやすい。

5 ニッケル・亜鉛・鉛・すずとその合金

1 ニッケル・亜鉛・鉛・すずとその合金　次の文にあてはまる金属・合金名を，（　　）内に記入せよ。

(1)　ニッケルに銅を加えた合金で，引張強さが 480 MPa 以上あり，ディーゼル機関のバルブの弁座，蒸気タービンの羽根などに使われる。　　　　　　　　（　　　　　　　　　　）

(2)　ニッケルにクロムを加えた合金で，電熱線や化学工業用に利用される。

（　　　　　　　　　　）

(3)　耐食性・耐熱性にすぐれ，めっき用陽極板に使われる。　（　　　　　　　　　　）

(4)　展延性に富み，耐食性にすぐれ，放射線の遮へい力がすぐれている。

（　　　　　　　　　　）

(5)　展延性に富み，耐食性にすぐれ，鋼板にめっきしてブリキ板にする。

（　　　　　　　　　　）

(6)　すず・アンチモン・銅・鉛の合金で，色は白く，軸受用に適する。（　　　　　　　　　　）

(7)　すず・アンチモン・銅の合金で，高速・大荷重軸受に適する。　　（　　　　　　　　　　）

(8)　すず・鉛の合金で，200 ℃ ぐらいで溶け，金属の接合に使われる。

（　　　　　　　　　　）

(9)　ビスマス・鉛・すず・カドミウムなどの合金で，これらの成分元素の融点より低い温度で溶ける。　　　　　　　　　　　　　　　　　　　　（　　　　　　　　　　）

■**豆知識**■

軽金属と重金属

金属は重いというイメージがあるが，重金属だけでなく軽金属と呼ばれる軽い金属もある。金属の区分は，Fe（密度 7.86×10^3 kg/m^3）と Al（密度 2.69×10^3 kg/m^3）の密度の中間の値，すなわち 5.0×10^3 kg/m^3 を境にするのが一般的である。軽金属の代表はアルミニウムであるが，ほかに，Ti（密度 4.51×10^3 kg/m^3），Be（密度 1.85×10^3 kg/m^3），Mg（密度 1.74×10^3 kg/m^3）などもある。さらに，Li（密度 0.53×10^3 kg/m^3）のように水に浮く軽金属もある。しかしながら，Cr，Mn，Fe，Co，Ni，Cu，Zn，Ag，Sn，Sb，W，Pt，Au，Pb など数多くの金属は重金属に分類される。やはり軽い金属は，特殊な金属といえそうである。

5 非金属材料 （機械工作1 p.122～132）

1 プラスチック

1 プラスチック 次の文はプラスチックについて述べたものである。（　）内に適当な語句を記入せよ。

(1) 石油や（**1**　　　　　　）から得られる（**2**　　　　　　　）を原材料に，合成高分子化合物として製造されるプラスチックは（**3**　　　　　　）ともよばれ，（**4**　　　　　　）を加えたり，（**5**　　　　　）をかけたりすることによって塑性変形させ，（**6**　　　　　）することができる。

(2) （**7**　　　　　）温度以下で軟化し流動状態になる（**8**　　　　　　）プラスチックの廃棄物は，（**9**　　　　）や溶融によって再利用できる。

(3) 熱化学反応によって高分子化合物になる（**10**　　　　　　）プラスチックは，成形後冷却されて固化したものは（**11**　　　　　　　）ても軟化しない。また，（**12**　　　　）に対しても溶解しないので廃棄物の再利用が困難である。

(4) 機械構造用素材に適合するように（**13**　　　　　　　）・（**14**　　　　　　　）・（**15**　　　　　　）などを改善したものを（**16**　　　　　　）プラスチックという。

2 プラスチックの性質 プラスチックに共通した性質を五つ記せ。

(1) _____

(2) _____

(3) _____

(4) _____

(5) _____

3 プラスチックの種類 次の文は各種のプラスチックの特徴を述べたものである。該当するプラスチックの名称と記号を記入せよ。

	プラスチックの名称	記号

(1) 光ファイバなどに用いられる透明プラスチックの代表。

（**1**　　　　　　　　）（**2**　　　　）

(2) エンジニアリングプラスチックの一種でナイロンともよばれる。

（**3**　　　　　　　　）（**4**　　　　）

(3) 容易に着色ができ，表面は硬く機械的性質にすぐれた熱硬化性プラスチック。

（**5**　　　　　　　　）（**6**　　　　）

4　プラスチックの機械的性質　次の文は，プラスチックの機械的性質について述べたものである。（　　）内に適当な語句を入れよ。

(1) プラスチックには（^{1}　　　　　　　　）をもつものと，もたないものがあるが，（^{2}　　　　　　）の度合いが高いものほど，（^{3}　　　　　　）や（^{4}　　　　　　）が向上する。

(2) プラスチック材料を比較的温度の（^{5}　　　　　　）場所で，長時間にわたり（^{6}　　　　　　）を受け続けるような（^{7}　　　　　　）として使用する場合には，時間の経過とともに（^{8}　　　　　　）が増大する（^{9}　　　　　　）が顕著に現れる。

(3) プラスチックの表面硬さは，（^{10}　　　　　　　　　）で表される。また，（^{11}　　　　　　　　　）は，汎用プラスチックの欠点をある程度補い，プラスチック本来の長所をもたせたもので，各種の（^{12}　　　　　　）・（^{13}　　　　　　）や自動車部品として用いられ，（^{14}　　　　　　）も増加している。

2　セラミックス

1　セラミックス　次の文は，セラミックスについて述べたものである。（　　）内に適当な語句を入れよ。

(1) セラミックスは，（^{1}　　　　　　）（Al_2O_3）・（^{2}　　　　　　）（SiC）・（^{3}　　　　　　）（Si_3N_4）などの無機化合物から，（^{4}　　　　　　）に製造されたものを総称する。

(2) 一般にセラミックスは，（^{5}　　　　　）が大きく，（^{6}　　　　　）にすぐれ，（^{7}　　　　　）である。さらに，（^{8}　　　　　）や（^{9}　　　　　）にすぐれるなど，金属材料や（^{10}　　　　　）にはない特徴がある。

(3) 機械的衝撃に対しては（^{11}　　　　　），加工がしにくいという（^{12}　　　　　）がある。従来のセラミックスの（^{13}　　　　　）を生かし，さらに新しい機能を備えた（^{14}　　　　　）が開発されており，（^{15}　　　　　　　）とよばれている。

3　ガラス

1　ガラス　次の文は，ガラスについて述べたものである。（　　）内に適当な語句を入れよ。

(1) ガラスは，金属のように（^{1}　　　　　　）で軟化し，（^{2}　　　　　　）すると固化する。しかし，固化しても液体のような状態で，規則的に（^{3}　　　　　　）しないので，（^{4}　　　　　　）の材料といわれる。

(2) ガラスの主原料は（^{5}　　　　　　）であり，それにいろいろな（^{6}　　　　　　）を（^{7}　　　　　　）して，多くの種類のガラスがつくられる。

(3) ガラスは（^{8}　　　　　　）には強いが，（^{9}　　　　　　）には弱く割れやすい。そこでガラス内部に（^{10}　　　　　　）を残し，割れにくくしたものが（^{11}　　　　　　）である。

6 各種の材料 （機械工作1 p. 133～139）

1 機能性材料

1 機能性材料の製造法と特徴 次の文は機能性材料の製造法や特徴を述べたものである。（　）内に，下の語群から適切な語句を選んで記入せよ。

(1) 金属などの粉末を金型内で加圧して成形し，これを高温に加熱してつくった製品を総称して（1　　　　　）という。

(2) 所要の形状に成形して高温で（2　　　　　）を行ったのち，常温で変形させてから適当な温度に（3　　　　　）するとふたたびもとの形状に戻る合金を（4　　　　　）という。

(3) 溶融状態にある金属や合金を結晶化できない速さで冷却した合金を（5　　　　　）金属という。

(4) 外部から加えられたエネルギーの一部を（6　　　　　）の境界の移動や，（7　　　　　）の運動などで吸収して高い減衰能を得ている合金を総称して（8　　　　　）という。

(5) 特定の成分組成の合金を特定の温度に加熱すると，（9　　　　　）力で著しく大きな変形が可能となる。このような性質を示す合金を（10　　　　　）という。

(6) 微小な（11　　　　　）によって磁化し，また微小な磁場の変化を（12　　　　　）の変化に変換する（13　　　　　）材料や，残留磁気および保磁力が大きい（14　　　　　）材料を総称して（15　　　　　）という。

(7) 電気抵抗がある温度範囲で急激に消失して0となる材料を（16　　　　　）材料という。

【語群】						
大きな	小さな	永久磁石	加熱	形状記憶合金	結晶化	高透磁率
磁場	磁性材料	焼結合金	制振合金	双晶部	超塑性合金	超伝導
転位	電流	熱処理	アモルファス			

■豆知識■

可逆的形状記憶効果

形状記憶効果には**不可逆的形状記憶効果**と**可逆的形状記憶効果**があり，前者の一方向形状記憶合金は高温相の形状だけを記憶するが，後者の全方位形状記憶合金は高温相と低温相の双方の形状を記憶する。したがって，外力を加えることなく，冷却によって記憶した形に変形できる。

2 複合材料

1 複合材料の特徴　次の文の（　）内に，下の語群から適切な語句を選んで，記入せよ。

(1) 構造用複合材料は軽くて強いので，(1　　　　　　) や (2　　　　　　) がすぐれている。

(2) 複合材料は，機械的に強いだけでなく，(3　　　　　　)，(4　　　　　　) もよく，そのほかにも (5　　　　　　)，(6　　　　　　) などに富んでいる。

> 【語群】　耐食性　　比強度　　電気絶縁性　　セラミック　　粒子分散強化　　耐熱性
> 　　　　　断熱性　　比剛性

2 複合材料の種類　次の文は複合材料について述べたものである。(　) 内に適当な語句を記入せよ。

(1) 複合材料には，プラスチック系の母材に，各ガラス繊維，(1　　　　　　)，(2　　　　　　)，(3　　　　　　) など (4　　　　) の大きな各種の繊維を強化材として複合させた (5　　　　　　　　) や，金属系の母材に，炭素，(6　　　　)，(7　　　　　　)，(8　　　　　) などの繊維を強化材として複合させた (9　　　　　　) がある。

(2) 繊維強化金属（FRM）では，繊維の (10　　　　　)，(11　　　　　)，(12　　　　　)，あるいは (13　　　) などによってその特性が大きく変化する。繊維強化プラスチック（FRP）において，高い比剛性・耐疲労強度・振動減衰性を得ようとする場合の繊維には (14　　　　　　) が，耐熱性・耐酸性を得ようとする場合の繊維には (15　　　　　　) が適当である。また FRM を軽量化しようとする場合の母材としては (16　　　　　　) 合金や (17　　　　　　) 合金が，熱をよく伝えるようにする場合には (18　　　　) などが用いられている。

(3) 一般的に複合材料は引張強さが (19　　　　　) すなわち (20　　　　　) が大きく，また大きな力を受けても変形量が (21　　　　　) すなわち (22　　　　　) が大きいという特徴がある。とくに FRM は，これらのほかに耐候性・(23　　　　　)・(24　　　　　) にもすぐれている。このため代表的な FRM である (25　　　　　　　) は，ガソリンエンジンのピストンのリング溝のような (26　　　) 温度にさらされた状態で大きな圧縮力を衝撃的に受ける部分の補強に用いられる。

第3章　鋳　造

1　鋳造法と鋳型　(機械工作1　p.142〜153)

1　鋳造と鋳物

1　鋳造と鋳物　下の用語を用いて鋳物のつくりかたを説明し，また下に示した図に該当するこれらの用語を記入せよ。

_____

_____

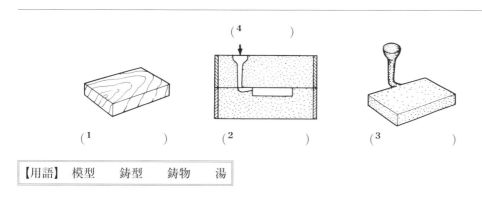

（**4**　　　　　　）

（**1**　　　　　　）　（**2**　　　　　　　　）　（**3**　　　　　　　）

【用語】　模型　　鋳型　　鋳物　　湯

2　砂型鋳造法

1　砂型鋳造の概略　次の文と図は，砂型鋳造法の手順および概要である。文中の（　　）内に，文の下の語群から適切な語句を選んで記入せよ。

また，図の（　　）内においても，図の下の語群から各部の名称として適切な語句を選んで記入せよ。

(1)　砂型鋳造法の製作過程は，模型を製作し，これを用いて鋳物砂で（**1**　　　　　　）をつくった後，（**2**　　　　　　）を取り出す。一方で地金を溶解してこれを（**3**　　　　　　），凝固させたのち鋳型を（**4**　　　　　　）して鋳物を取り出し，湯口や鋳ばりなどを取り除き，表面に付着した砂を落とす（**5**　　　　　　　）を行い，さらに必要に応じて焼ならしなどの（**6**　　　　　　）を施して製品とする。

(2)　中空円筒や内部に空洞を持つ鋳物をつくる場合には，本体をつくるために用いる鋳型と，中空部をつくるために（**7**　　　　　　）とよばれる鋳型が必要である。

【語群】　鋳型　　鋳込み　　鋳物　　砂落とし　　中子　　熱処理　　模型　　解体

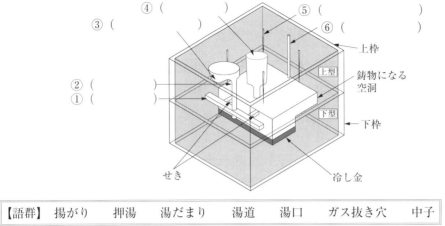

③ (　　　　) ④ (　　　　) ⑤ (　　　　)

⑥ (　　　　)

上枠

上型

鋳物になる
空洞

② (　　　　)

① (　　　　)

下型

下枠

せき

冷し金

【語群】 揚がり　押湯　湯だまり　湯道　湯口　ガス抜き穴　中子

2 模型　次の文はいろいろな模型について述べたものである。(　　　) 内に適当な語句・数字を記入せよ。

(1) (**1**　　　　) をつくるために用いる模型には, 軽く加工しやすい (**2**　　　　) でつくった木型や, 丈夫な金属材料でつくった (**3**　　　　), および発泡ポリスチレン樹脂などでつくった消失模型などがある。

(2) 複雑な形状や (**4**　　　　) のない鋳物をつくるのに適しているのは (**5**　　　　) で, これが (**6**　　　　) 個あれば, 16個の鋳物ができる。

(3) 鋳物とほぼ同じ形状・寸法につくった模型を (**7**　　　　) といい, 鋳物の断面形状とほぼ同じにつくった模型のうち, 模型の回転軸を中心に回して用いる模型を (**8**　　　　) という。

(4) 上型と下型に二分割した (**9**　　　　) を定盤の両面に取り付けたものを (**10**　　　　) という。

3 鋳物砂　鋳物砂に望まれる次の性質について, 簡単に説明せよ。

(1) 成形性 _____

(2) 耐熱性 _____

(3) 通気性 _____

(4) 復用性 _____

4 鋳型　次の文はいろいろな鋳型について述べたものである。(　　　) 内に適当な語句を記入せよ。

(1) 砂型を使った鋳造法では, つくろうとする (**1**　　　　) の数だけ (**2**　　　　) が必要となる。(**3**　　　　) にいろいろな (**4**　　　　) を加えて (**5**　　　　) したり, (**6**　　　　) させたりして (**7**　　　　) な鋳型がつくられる。

(2) 粘土分を多くした (**8**　　　　) に水を加えて湿らせ, 突き固めてつくる鋳型を (**9**　　　　) という。

(3) 鋳物砂に加えた（10　　　　　　）の（11　　　　　　　　）により硬化する鋳型を（12　　　　　　　　）といい，それには結合材として（13　　　　　　　　　）を3〜6％加える（14　　　　　　　）がある。

(4) フェノール樹脂は，加熱すると（15　　　　　　）℃で柔らかくなり，180〜240℃で固まる（16　　　　　　　　　　）である。このフェノール樹脂で砂を強く固めてつくる鋳型を（17　　　　　　）という。

③　金型を使った鋳造法

1　金型鋳造法の特徴　複雑な形状の鋳物をつくることができる金型鋳造法の特徴を四つ記せ。

(1) _____

(2) _____

(3) _____

(4) _____

2　金型を使った鋳造法　次の文はいろいろな金型鋳造法について述べたものである。（　　）内に適当な語句を記入せよ。

(1) 重力のみを利用して金型に（1　　　　　　）をそそぎ，鋳物をつくる方法を（2　　　　　　　　）という。

(2) 密閉容器内の（3　　　　　　）に圧縮空気で（4　　　　　　）を加え，（5　　　　　　）とは逆方向に押し上げて流し込む方法を（6　　　　　　）という。

(3) 溶湯に高い（7　　　　　　）を加えた状態で（8　　　　　　）させて鋳物をつくる鋳造法を（9　　　　　　）といい，（10　　　　　　）ともよばれる。

(4) 油圧を使って（11　　　　　　）を強い力で締め付け，（12　　　　　　）圧力で金型に注湯する方法を（13　　　　　　）という。

④　各種の鋳造法

1　精密鋳造法　複雑な形状や機械加工が困難な製品の鋳造に多く用いられているインベストメント鋳造法の特徴を六つ記せ。

(1) _____

(2) _____

(3) _____

(4) _____

(5) _____

(6) _____

2 各種の鋳造法とその特徴 次の文に該当する鋳造法を（　　）内に記入せよ。

⑴ ろうでつくった模型を耐火性の材料で包み込んだのち，模型を流し出して鋳型をつくる鋳造法。　　　　　　　　　　　　　　　　　　（　　　　　　　　　　　）

⑵ ろうでつくった模型を用い，鋳型用石こうにケイ砂などを加えた鋳物砂で造型し，石こうが固化したのち，脱ろうして，鋳型をつくる鋳造法。　　（　　　　　　　　　　　）

⑶ 加熱した金型の上に，熱硬化性プラスチックを配合したケイ砂をふりかけて硬化させて鋳型をつくる鋳造法。　　　　　　　　　　　　　　　　（　　　　　　　　　　　）

⑷ 発泡ポリスチレンでつくった模型を鋳型内に残したまま鋳込む鋳造法で，模型は鋳物の数だけ必要となるが，型上げが不要なので複雑な形状の鋳物に適した鋳造法。

（　　　　　　　　　　　）

⑸ 結合剤を含まない砂でつくった鋳型に湯を鋳込み，減圧し，凝固したのちに鋳枠の中を大気圧に戻して鋳型を自然崩壊させる鋳造法。　　　　（　　　　　　　　　　　）

⑹ 回転させた鋳型に鋳込んだ溶湯を，遠心力を利用して加圧しながら凝固させて鋳物をつくる鋳造法。　　　　　　　　　　　　　　　　　　（　　　　　　　　　　　）

■豆知識■

鋳物のひろがり

人と金属の出会いは紀元前5000年から6000年といわれ，その頃は金・銀・銅を叩いて品物をつくっていたそうです。こんにちの鍛造ですね。鋳物はそれからずっと遅れて，紀元前4000年頃メソポタミアで，溶かした銅を型に流していろいろな器をつくったのが始まりといわれています。日本に鋳物づくりが伝わったのは紀元前数百年頃といわれ，1世紀に入ると銅鐸（どうたく），銅鏡（どうきょう），刀剣（とうけん）などがつくられるようになり，奈良時代には仏像や梵鐘などが盛んにつくられました。有名な奈良の大仏もその一つで，造型は746年から始まり，鋳込みは747年から749年にかけて8回に分けて行われ，750年から755年にわたって仕上げ作業が行われました。そして，大仏の開眼後しばらくしてから日本各地に鋳物づくりが広がりました。これらの鋳物産地は，鋳造に適した砂や粘土が容易に入手できたり，素材や製品の運搬に適する水運に恵まれた土地であったようです。こうして今に伝わる伝統技術は，確実に伝承していきたいですね。

■豆知識■

インベストメント（investment）とは，「着せること」・「かぶせること」・「まとわらせること」の意。
ダイカスト（die cast）とは，型（die）を用いる鋳造（cast）の意。
シェルモールド（shell mold）とは，貝殻（かいがら）（shell）状の型（mold）の意。

❷　金属の溶解方法と鋳物の品質　（機械工作1　p. 154～161）

1　溶解方法

1　金属の融点　次の文は金属の融点について述べたものである。（　　）内に適当な語句・数字を入れて完成させよ。

(1)　金属が溶けて（¹　　　　　　）から（²　　　　　　）になる温度を（³　　　　　　）といい，金属の種類によって異なる。

(2)　鋳物材料として（⁴　　　　　　）が使われることは少なく，（⁵　　　　　　）が使われる場合が多い。

(3)　鋳込むときの金属の温度を（⁶　　　　　　　　　）といい，鋳込むさいの（⁷　　　　　　　）を見込んで，融点より（⁸　　　　　　）％ 程度高くする。

2　溶解炉　次の文に該当する溶解炉の種類の名称を（　　）内に記入せよ。

(1)　地金とともに入れたコークスの燃焼熱で溶解する。　　　　　（　　　　　　　　　　　　　）

(2)　黒鉛でつくった3本の電極と，装入口から装入した地金の間にアークを発生させて溶解する。

　　　　　　　　　　　　　　　　　　　　　　　　　　　　　（　　　　　　　　　　　　　　　）

(3)　炉内に置かれた抵抗体に電流を流し，抵抗体の発熱によって溶解する。

　　　　　　　　　　　　　　　　　　　　　　　　　　　　　（　　　　　　　　　　　　　　　）

(4)　炉内の金属に渦電流を誘導させ，発生するジュール熱を利用して溶解する。

　　　　　　　　　　　　　　　　　　　　　　　　　　　　　（　　　　　　　　　　　　　　　）

■**豆知識**■

鋳物とデザイン

鉄を鋳造する技術は，紀元前7世紀頃の中国で始まったといわれています。中国では青銅器をつくるさいに「ふいご」を使用して高温で鋳造していたので，炭素含有量が多く融点の低い鋳鉄も溶かすことができたようです。しかし，この鋳鉄鋳物は硬くてもろい「白鋳鉄」に分類されるもので，その用途は限られていました。実用的な鋳鉄すなわち「ねずみ鋳鉄」がつくられるようになったのは産業革命の頃のイギリスにおいて，蒸気機関や工作機械はもとより大砲などいろいろな鋳物が砂型鋳造法でつくられました。その時期につくられ，世界遺産に登録されているイングランドのアイアンブリッジは，今でも渡ることができ，鋳物ならではの素敵なデザインですよ。鋳物は実用的なだけでなく，デザイン的にもすぐれているようです。この特徴も活かしていきたいものですね。

2 鋳物の品質

1 鋳物の品質 次の文は鋳物の品質について述べたものである。（　　　）内に適語を記入して完成させよ。

　　設計どおりの（¹　　　　　）・（²　　　　　　）の鋳造品でも，（³　　　　　　）の欠陥でじゅうぶんな（⁴　　　　　）が得られないことがある。そのため，（⁵　　　　　　　　）のくふうや鋳造品内部の（⁶　　　　　）が行われる。

2 鋳物製品の検査 下の文に該当する検査名を，下の語群から選んで（　　　）内に記入せよ。

　(1)　形状・寸法・鋳肌・割れなどの欠陥を直接目で確認する検査。　（　　　　　　　　　　）

　(2)　染色剤を使った検査。　（　　　　　　　　　　）

　(3)　内部の欠陥を，ハンマで叩いて確認する検査。　（　　　　　　　　　　）

　(4)　内部の巣からの超音波反射を受信して行う検査。　（　　　　　　　　　　）

　(5)　X線を使い，コンピュータによりCT画像に処理して行う検査。　（　　　　　　　　　　）

> 【語群】　超音波探傷検査　　浸透探傷検査　　放射線透過検査　　打音検査　　目視検査

3 鋳物不良の原因 次の文は鋳物不良の原因について述べたものである。（　　　）内に，下の語群から適切な語句を選んで記入せよ。

　　鋳型から模型を抜くさいにゆるめすぎると（¹　　　　　　　　）を，鋳物砂の粒度が不均一の場合には（²　　　　　　　）を，溶湯をじゅうぶんに脱酸しないまま鋳込むと（³　　　　　）を，鋳物の肉厚が極端に違ったり冷却速度が速すぎると（⁴　　　　　　）を，押湯が不足すると（⁵　　　　　　）を生じる。

> 【語群】　鋳肌不良　　寸法不良　　巣　　ひけ巣　　割れ

第4章　溶接と接合

⬛1 溶接と接合 （機械工作1　p. 164〜166）

1　各種の接合法　溶接による方法は，機械的な接合に比べてどのような点ですぐれているか五つ記せ。

(1)_____

(2)_____

(3)_____

(4)_____

(5)_____

2　溶接法の分類　次の文は溶接法の分類について述べたものである。（　　）内や_____部に適当な語句を記入して完成させよ。

(1)　溶接は，接合したい二つの（**1**　　　　　　）をたがいに溶かし合わせて接合する（**2**　　　　　　），母材は溶かさずに仲立ちをする（**3**　　　　　　）を接合部に流し込んで接合する（**4**　　　　　　），室温または加熱した二つの母材の接合部に大きな力を加えて，接合面の（**5**　　　　　　）がたがいに移動して接合する（**6**　　　　　　）に大別できる。

(2)　溶接をするさいに，接合部が大きな圧力を受ける溶接法は（**7**　　　　　　）で，接合部が大きな熱量を受けるのは（**8**　　　　　　）である。

(3)　ろう接は，母材より融点の（**9**　　　　　　）ろうを用いるが，融接では母材とほぼ（**10**　　　　　　）の溶加材を用いる。

(4)　下に示した溶接法を融接，圧接，ろう接に分類せよ。

融　接①_____

_____

圧　接②_____

ろう接③_____

【溶接法】　アプセット溶接　　アーク溶接　　スポット溶接　　鍛接　　フラッシュ溶接

炭酸ガスアーク溶接　　抵抗溶接　　電子ビーム溶接　　ミグ溶接

はんだ付け　　被覆アーク溶接　　プラズマアーク溶接　　レーザ溶接

セルフシールドアーク溶接　　シーム溶接

❷　ガス溶接とガス切断 （機械工作1　p. 167〜169）

1　ガス溶接とその特徴　次の文はガス溶接とその特徴について述べたものである。（　　）内に，下の語群から適切な語句・数字を選んで記入せよ。

(1) ガス溶接は，(^{1}　　　　　）と（^{2}　　　　　　　　）の混合ガスが用いられ，
（^{3}　　　　　）の溶接に使用される。

(2) 炎の中心部は（^{4}　　　　　），外周部は（^{5}　　　　　）になっており，それぞれ
（^{6}　　　　　），（^{7}　　　　　）という。外炎の内部は最も温度が高く，約
（^{8}　　　　　）℃になる。

(3) 溶接装置は，色分けされた（^{9}　　　　　）に，高い圧力状態で保存されている
（^{10}　　　　　）と（^{11}　　　　　　　）が（^{12}　　　　　　　）を経て，燃焼させるの
に適した圧力状態にして（^{13}　　　　　　）に供給される。

(4) 溶加材として用いる（^{14}　　　　　　）には，原則として母材と（^{15}　　　　　）材質のも
のを使うが，母材とよく（^{16}　　　　　）し，じゅうぶんな強さを与えるものならば異種金属
でもよく，その太さは母材の（^{17}　　　　　）により適当なものを用いる。

(5) 溶融した部分は容易に（^{18}　　　　　）し，また（^{19}　　　　　）するので，これを防ぐと
ともに生じた（^{20}　　　　　）物を溶解して（^{21}　　　　　　　）として除去する目的で粉状ま
たはのり状の（^{22}　　　　　　）を溶接部に与える。

【語群】　アセチレン　　プロパン　　酸素　　スラグ　　フラックス　　酸化　　窒化
硫化　　溶融　　融合　　組成　　薄板　　白色　　多孔性　　運搬　　中心炎
内炎　　外炎　　圧力調整器　　溶接棒　　青色　　厚さ　　高圧　　低圧
同じ　　異なる　　トーチ　　3000　　ボンベ

2　ガス切断とその特徴　次の文はガス切断とその特徴について述べたものである。（　　）内に
適当な語句を記入して完成させよ。

(1) ガス切断では，（^{1}　　　　　）の先端が（^{2}　　　　　）と（^{3}　　　　　　　）の混合
ガスを吹き出す（^{4}　　　　　）と，酸素ガスだけを吹き出す（^{5}　　　　　）からなるガ
ス切断用（^{6}　　　　　）を用いる。

(2) ガス切断は，（^{7}　　　　　）が母材より低い温度で溶ける（^{8}　　　　　　）などの切断
に用いられ，（^{9}　　　　　）のほうが融点の高い（^{10}　　　　　　　　）や
（^{11}　　　　　　）などの切断には用いられない。

(3) ガス切断の応用としては，開先を切り取ったりする加工に用いられる
（^{12}　　　　　　）や，（^{13}　　　　　）・（^{14}　　　　　）などの表面欠陥を必要に応じて
深さ数mmまで除去する（^{15}　　　　　　　）などが行われている。

3 アーク溶接とアーク切断 （機械工作1　p. 170〜177）

1　アーク溶接とその概要　次の文(1)〜(4)はアーク溶接とその概要について述べたものである。
（　　）内に，下の語群から適切な語句・数字を選んで記入せよ。

また，(5)については，被覆アーク溶接中の様子を示した図中の（　　）内に，名称を記入せよ。

(1)　アーク溶接法では，(1　　　　　　　) と (2　　　　　　) の間に (3　　　　　　) を印加した状態で，(4　　　　　) を瞬間的に (5　　　　　　) に接触させたのち，わずかに引き離すと両電極間に (6　　　　　　) が発生し，(7　　　　　　　　) 状態となる。

(2)　流れる電流が急激に増大して (8　　　　　　　　) 状態になり，強い (9　　　　) と (10　　　　) が発生し，電極間の距離を (11　　　　　) に保つことによって，(12　　　　　　　) 状態が持続する。

(3)　アーク放電で発生したアークは，中心部の (13　　　　　　)，外周部の (14　　　　　　)，これらを包む煙状の (15　　　　　) からなっており，(16　　　　　) の温度は高く，約 (17　　　　) ℃以上になる。

(4)　アーク炎は，温度が (18　　　　　)，磁力線や外気の影響を受けて四方に (19　　　　) する。アークが発生するときの電圧を，(20　　　　　　) といい，アーク電圧は，(21　　　　　) が変化してもほとんど変化しないが，電極間の (22　　　　) が変化すると大きく変化する。

> **【語群】** 溶接棒　電位　母材　火花放電　プラズマ　光　熱　一定　飛散
> アーク放電　アーク流　アーク炎　アーク心　5000　低く　距離
> 電流　アーク電圧

(5)　被覆アーク溶接中の様子を示した下の図を見て，図中の（　　）内に，名称を記入せよ。

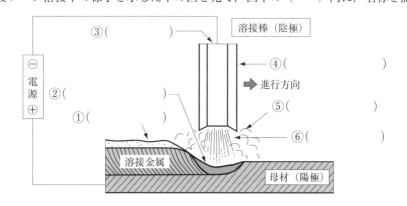

2 アーク溶接の種類 次の文はアーク溶接の種類について述べたものである。（　　）内に，下の語群から適切な語句を選んで記入せよ。

(1) アーク溶接は，溶接方法によって，（1　　　　　　　）と（2　　　　　　　）に分類される。非消耗電極式は，融点が（3　　　　），アークによる熱でも消耗しにくい電極と（4　　　　　）の間にアークを発生させ，その熱で母材および（5　　　　　）を溶かして溶接を行う方法である。電源には，（6　　　　）・（7　　　　）のどちらも用いられる。

(2) 消耗電極式は，溶加材の役目も兼ねる（8　　　　　）（消耗電極）と（9　　　　　）の間に，アークを発生させて溶接を行う方法である。方法が簡単なので（10　　　　）利用されている。電源には，（11　　　　）・（12　　　　）のどちらも用いられる。

(3) 直流アーク溶接は，母材を電源の（13　　　　　　）につなぐ（14　　　　　　）（正極性）が使われる。（15　　　　　　）の場合，母材に（16　　　　）で突き当たる（17　　　　）の働きによって，母材が著しく（18　　　　）され，母材の溶込みは（19　　　　）なり，（20　　　　）も安定している。

(4) 交流アーク溶接は，溶接棒と母材の（21　　　　）がたえず変わるので，両極の（22　　　　）は等しい。この溶接法では，安定した（23　　　　　）を得ようとすると，直流アーク溶接の場合より高い（24　　　　　）が必要となるため，感電によって人体に電流が流れる（25　　　　）を起こす可能性が高くなる。そのため，最近の（26　　　　）アーク溶接機には，（27　　　　　　）が備えられている。

【語群】 非消耗電極式　消耗電極式　高く　溶加材　直流　金属電極　発熱量
棒マイナス　高速度　加熱　深く　極性　アーク　母材　広く
交流　プラス側　電子　電撃防止装置　無負荷電圧　電撃事故

3　アーク溶接棒　次の文はアーク溶接棒について述べたものである。（　）内に，下の語群から適切な語句を選んで記入せよ。

⑴　アーク溶接棒は（¹　　　　　　）を兼ねているので，ガス溶接のそれと同様に（²　　　　　　）とほぼ同じ材質のものを，また，その太さも（³　　　　　　）の厚さに応じたものを用いる。

⑵　しかし，アークを発生させる目的もあるので，溶加材，すなわち（⁴　　　　　　）の周囲には燃焼して（⁵　　　　　　）を発生し，アークを容易に発生するとともにアークを安定させ，また，アークや溶けた金属を囲んで（⁶　　　　　　）との接触を遮へいして溶融金属の酸化や窒化を防ぎ，さらに，軽い（⁷　　　　　　）をつくるとともに溶けた金属の上に浮き上がって溶融金属を（⁸　　　　　）から守り，同時に，冷却を（⁹　　　　　）する作用をして（¹⁰　　　　　）やき裂の発生を少なくするなどさまざまな働きをもつ（¹¹　　　　　　）を塗布する。このような（¹²　　　　　）アーク溶接棒は，母材の種類や溶接条件に応じた各種のものがつくられている。

⑶　また，燃焼や（¹³　　　　　　）によって不足した成分を補給する働きも要求されるので，被覆剤は各種金属の（¹⁴　　　　　　）や（¹⁵　　　　　　），および各種の塩類，（¹⁶　　　　　　）などの有機物が主で，用途により配合を変えたり，ほかの原料を加えたりする。

【語群】　被覆剤　溶加材　母材　心線　ガス　アーク　大気　スラグ
　セルロース　酸化物　鉄粉　化学反応　熱応力　被覆　遅く　速く

4　各種のアーク溶接　次の文に該当するアーク溶接法の名称を，下の語群から選んで（　）内に記入せよ。

⑴　シールドガスに不活性ガスより安価な炭酸ガスを用い，その雰囲気中で行う溶接法。（　　　　　　　　）

⑵　溶接金属に及ぼす悪影響を除くために，シールドガスを使用せず，フラックス入りワイヤを用いて行う溶接法。（　　　　　　　　）

⑶　タングステン電極を用いて，不活性ガスの雰囲気中でアークを発生させる溶接法。（　　　　　　　　）

⑷　フラックスの中でアークを発生させて溶接ワイヤを自動的に送りながら行う溶接法。（　　　　　　　　）

【語群】　イナートガスアーク溶接　サブマージアーク溶接　セルフシールドアーク溶接
　炭酸ガスアーク溶接　ティグ溶接　ミグ溶接

5 各種アーク溶接の特徴 次の文に該当するアーク溶接法の名称を（　　）内に記入せよ。

(1) 安価な炭酸ガスを使用し，アルゴンガスを用いるミグ溶接よりも溶込みが深くなるため，自動車・造船などの軟鋼や低合金鋼の溶接に用いられる。　　　　（　　　　　　　　　　　　）

(2) 溶接する部分に粒状のフラックスを盛り，フラックス雰囲気中でアークを発生させ，溶接ワイヤを自動的に送りながら溶接する方法。　　　　（　　　　　　　　　　　　）

(3) おもに手動で行われ，自転車フレームの溶接のような，厚さ3mm以下の薄板の溶接に用いられる。　　　　（　　　　　　　　　　　　）

(4) 母材とほぼ同種の金属でできた溶接ワイヤが使用され，溶接用ロボットに装置を組み込んで自動化されて，非鉄金属や鉄鋼などの高い品質が求められる溶接に用いられる。

（　　　　　　　　　　　　）

6 アーク切断とその特徴 次の文はアーク切断とその特徴について述べたものである。（　　）内に，適切な語句を記入せよ。

(1) アーク切断のなかで多く使われている方法に，(1　　　　　　　　　　）がある。冷却された（2　　　　　）と（3　　　　　　）による（4　　　　　　　　　　）から，アークプラズマを細くしぼり，（5　　　　　）・（6　　　　　）プラズマ気流を発生させて（7　　　　　）するもので，（8　　　　　）はもちろん（9　　　　　　）にも利用できる。

(2) 鉄鋼材料の切断では，より効率的に（10　　　　　）するために，作動ガスに（11　　　　　）や（12　　　　　）を使用し，ガス切断と同様に（13　　　　　）を利用する。ガス切断が（14　　　　　）のみに適用されるのに対し，プラズマアーク切断では，（15　　　　　）・（16　　　　　）のプラズマにより，（17　　　　　　）のあるほとんどの金属類の切断が可能である。

■豆知識■

スパッタ

アーク溶接において，溶融した棒金属の全量が母材に溶着するわけでなく，5~25%程度は飛散し，いわゆる**スパッタ**として失われる。これは電流の大きさが影響している。

④ 抵抗溶接 （機械工作1 p. 178〜182）

1 抵抗溶接とその概要 次の文は抵抗溶接とその概要について述べたものである。（　　）内に，下の語群から適切な語句を選んで記入せよ。

(1) 抵抗溶接は，二つの母材を接触させて電気を流し，接触部に（**1**　　　　　）する（**2**　　　　　）とよばれる発熱により（**3**　　　　　）の一部が溶融する，あるいはそれに近い状態になったときに大きな（**4**　　　　）を加えて接合する方法である。

(2) 板材の溶接に用いる（**5**　　　　　）は，英名を（**6**　　　　　　　　）といい，棒などを突き合わせて接合する（**7**　　　　　　　）の英名は，（**8**　　　　　　　　）である。

> 【語群】 アーク熱　　ジュール熱　　重ね抵抗溶接　　突合せ抵抗溶接　　発生　　溶接棒
> 母材　　電極　　力　　lap resistance welding　　butt resistance welding
> 電気抵抗

2 重ね抵抗溶接の種類 次の文に該当する重ね抵抗溶接の名称を，下の語群から選んで，（　　）内に記入せよ。

(1) 銅合金電極で母材をはさんだのち，力を加えながら電流を短時間に流し，その抵抗熱で母材と母材の間の境界を溶融させ，一体化させる。　　　　　　　　　（　　　　　　　　）

(2) 円板状の電極ローラを回転させながら，母材を送りつつ溶接を行う。

（　　　　　　　　）

(3) 母材の一方に低い突起をつくり，これに平らな母材を重ね合わせて電流を流し，溶接温度になったときに加圧して突起をつぶして溶接する方法。　　　　（　　　　　　　　）

(4) 溶接部は点状である。　　　　　　　　　　　　　　　　　　（　　　　　　　　）

(5) 連続的に通電し，溶接を繰り返し行う。　　　　　　　　　　（　　　　　　　　）

(6) 1回の加圧で数か所の接合が同時にできる。　　　　　　　　（　　　　　　　　）

(7) 気密性を必要とする鋼管や，スチール缶接合部の溶接に用いられる。

（　　　　　　　　）

> 【語群】 シーム溶接　　スポット溶接　　プロジェクション溶接

3　突合せ抵抗溶接の種類　次の文は突合せ抵抗溶接の種類について述べたものである。（　　）内に，下の語群から適切な語句を選んで記入せよ。

(1)　アプセット溶接は，一直線上の対向する位置に置いた二つの母材を，（**1**　　　　　　）と（**2**　　　　　　）で締め付けたのち，母材の両端面を接触させてから電流を流し，接合部が（**3**　　　　　）に達したら（**4**　　　　）して接合する溶接法で，（**5**　　　　　　）の接合に適用されている。

(2)　フラッシュ溶接は，（**6**　　　　　）（鎖）や（**7**　　　　　）など線材の接合に用いられる。母材どうし接触させて（**8**　　　　　）すると，（**9**　　　　　　）により接触部が（**10**　　　　）し，飛散する。その結果，接触部にわずかな（**11**　　　　　）が生じ，そこに（**12**　　　　）が発生する。この（**13**　　　　　）を連続的に繰り返し，材料端面の（**14**　　　　）が溶融するとともに，表面近傍が（**15**　　　　　　）に達したところで，軸方向に（**16**　　　　）し接合する。そして，ほかの抵抗溶接と同様に，溶接速度が（**17**　　　　），自動化がしやすいため，（**18**　　　　　　）に向く溶接法である。

(3)　バットシーム溶接は，送り曲げ加工によってつくられた（**19**　　　　　）の継目を，電極（**20**　　　　　）と両側の（**21**　　　　　　　）を用いて接合する溶接法である。この接合法でつくられた管を（**22**　　　　　）といい，電気工事などにおける電線用の配管材に用いられている。

【語群】	固定電極	小径の棒材	電縫管	ローラ	レール	溶接温度	管材
	加圧	スクイーズロール	抵抗熱	移動電極	チェーン	すきま	
	通電	大量生産	工程	接合温度	溶融	速く	表面	放電

━━━■豆知識■━━━

各種のスポット溶接

抵抗溶接中，最も広く利用されているスポット溶接には，代表的な**シングルスポット溶接**のほかに，著しく厚さの異なった板や，重ね合わせる板の枚数が100枚などと多い場合に適当な**パルセーション溶接**，数点から数十点に及ぶ溶接点を同時に溶接する**マルチスポット溶接**，二つ以上の溶接点を一つの直列電流回路で溶接する**シリーズスポット溶接**，溶接部の位置や形状に応じて溶接点から離れた適当な位置に電極を設け，この関係で被溶接材を溶接電流の帰路とした**インダイレクトスポット溶接**など多くの種類があり，自動車工業など幅広い分野で利用されている。

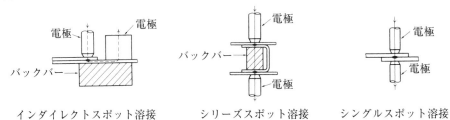

インダイレクトスポット溶接　　シリーズスポット溶接　　シングルスポット溶接

5 いろいろな溶接法 （機械工作1 p. 183〜189）

1 いろいろな溶接法 次の文はいろいろな溶接法について述べたものである。（ ）内に，下の語群から適切な語句を選んで記入せよ。

(1) エレクトロスラグ溶接は，（1   ）を溶かして（2   ）をつくり，溶融（3   ）を介して（4   ）から母材に（5   ）を流す方法である。50〜300 mm 程度の厚板の（6   ）溶接を能率的に行うことができ，（7   ）・（8   ）や（9   ）のフレームの溶接に用いられる。

(2) プラズマアーク溶接は，（10   ）の高温に達する（11   ）となった（12   ）を利用したアーク溶接で，（13   ）と（14   ）などがある。

(3) 圧接とは溶接の一種で，金属の（15   ）を密着させ，（16   ），（17   ）を加えることで（18   ）どうしを（19   ）させて接合する方法で，強力に接合する方法として（20   ）がある。

(4) 摩擦かくはん接合は，先端に突起のある（21   ）の工具を（22   ）させながら，工作物に（23   ）で押し付けてさし込み，（24   ）によって（25   ）した材料を（26   ）して接合する技術である。

(5) 接合させる材料の（27   ）より（28   ）温度で溶ける（29   ）（ろう）を，接合させる部材と部材の（30   ）に流し込んで接合する方法を（31   ）といい，母材を（32   ）しないことが特徴である。

【語群】 フラックス　スラグ　プラズマジェット方式　プラズマアーク方式
ワイヤ　電流　立向き　ろう接　溶融　船舶　数千度　プラズマ
気体　表面　熱　圧力　かくはん　融点　低い　原子　金属融合
摩擦圧接　大形の圧力容器　大形プレス　円筒状　回転　強い力
摩擦熱　軟化　金属　すきま

6　溶接以外の接合法　(機械工作1　p. 190～193)

1　機械的な接合　次の文は機械的な接合について述べたものである。(　　) 内に，下の語群から適切な語句・数字を選んで記入せよ。

(1)　機械部品の (1　　　　) に使われるねじは，(2　　　　) と (3　　　　) を組み合わせて締結する。ねじのもつ (4　　　　) により，小さな (5　　　　) で大きな (6　　　　) を得られる。ねじには，(7　　　　) などに使われる直径 (8　　　　) mm のものから，(9　　　　) 大型エンジンの固定などに使われる直径 (10　　　　) mm を越えるものまで，さまざまな太さのものがある。

(2)　2枚以上の板材に (11　　　　) をあけ，片側に頭をもっている (12　　　　) をさし込み，突き出た部分を (13　　　　)，板材どうしを締結する方法を (14　　　　) という。航空機には，(15　　　　) のために (16　　　　) や (17　　　　) 強化プラスチックが多く使われている。

> 【語群】　めねじ　　炭素繊維　　らせん構造　　力　　0.3　　穴　　リベット　　締結力
> おねじ　　つぶして　　リベット接合　　軽量化　　接合　　時計　　船舶用
> アルミニウム合金　　250

2　接着剤による接合　次の文は接着剤による接合について述べたものである。(　　) 内に適当な語句を記入せよ。

(1)　接着とは，(1　　　　) により二つの面が (2　　　　) した状態をいう。(3　　　　) と (4　　　　) の接合力は，表面の (5　　　　) な (6　　　　) が引っかかり合うことや，(7　　　　) などが組み合わさったものである。接着するには，接着面の (8　　　　) を整え，接着剤と (9　　　　) がよく (10　　　　) ことが必要である。

(2)　接着剤には，(11　　　　) のしかたや硬化後の (12　　　　) にさまざまな機能をもつものがある。このような接着機能以外の (13　　　　) をもつ接着剤を，(14　　　　) という。

第5章　塑性加工

1　塑性加工の分類 （機械工作1　p. 196）

1　塑性加工の特徴と分類　次の文の（　）内に，下の語群から適切な語句を選んで記入せよ。

(1)　金属に大きな力を加えると変形し，その力を取り除くともとの形に戻るような変形と，もとの形に戻らないような変形があり，前者は（¹　　　　　）といい，（²　　　　　）はこの性質を利用したものである。一方，後者は（³　　　　　）といい，この性質を利用した加工を（⁴　　　　　）という。この加工によって，鉄道レールなどの（⁵　　　　　）や，組立作業に用いる（⁶　　　　　）などの工具類，自動車の車体の素材となる（⁷　　　　　），ボイラーの水管の素材となる（⁸　　　　　）などさまざまな製品がつくられている。

(2)　塑性加工は（⁹　　　　　）に比べて，切りくずを出さず，加工に要する時間も（¹⁰　　　　　）など，経済性に（¹¹　　　　　）ている。この加工によってつくられる製品の一部は，さらに切削加工を施して仕上げるが，その製品を鋳物と比べると，機械的性質に（¹²　　　　　），じょうぶで（¹³　　　　　）など多くの特徴をもっている。

(3)　鋼やアルミニウムなどの（¹⁴　　　　　）から板や棒をつくる（¹⁵　　　　　）や窓用サッシ材をつくる（¹⁶　　　　　）などは一次加工とよばれ，その特徴は（¹⁷　　　　　）が大きく，（¹⁸　　　　　）が単純なことである。これに対して，板を（¹⁹　　　　　）して飲料缶などをつくるプレス加工や，棒状の素材を回転させてねじをつくる（²⁰　　　　　）などは二次加工とよばれる。

> 【語群】　弾性変形　　塑性変形　　切削加工　　塑性加工　　鋳造　　インゴット　　圧延
> 　　　　　バリ　　ばね　　すぐれ　　劣り　　軽い　　重い　　変形量　　押出し　　転造
> 　　　　　鍛造　　薄板　　形材　　管　　スパナ　　バイト　　短い　　形状　　深絞り
> 　　　　　引抜き

━■豆知識■━

加工速度と加工温度

引張試験を行う場合には，荷重を加える速度は0.1 mm/sec程度と著しく遅くし，しかも均一にすることが望ましいといわれる。これは，速度をはやめると材料の変形抵抗が増加し，延性が低下することが認められているためである。したがって，より大きな塑性変形を与える場合には，荷重を加える速度を遅くするのが一般的である。ところで，軟鋼の引張試験を行った直後に破断部を指で触ってみると，わずかに熱をもっていることに気づく。これは塑性変形をするにともない，加えた力学的なエネルギーの大部分（約90 %）が熱エネルギーに変わることによるものといわれている。また，このような加工にともなう温度上昇を利用した高速加工も行われ。たとえば，鋼を赤熱状態にして鍛造を行うと槌打ちのたびに温度が上昇して白熱状態に近づき，変形抵抗がさらに減少し，いよいよ加工しやすくなる。加工速度と加工温度は，加工硬化とともに加工性に大きな影響を及ぼすことを頭に入れておこう。

❷ 素材の加工 （機械工作1 p.197〜205）

1 圧延・押出し・引抜きの原理 下の図は圧延・押出し・引抜き加工の原理を示したものである。
（　　）内に加工法の名称を記入せよ。

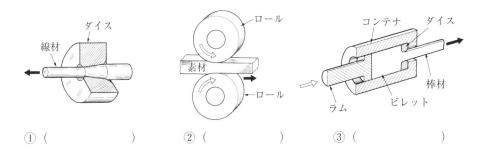

① （　　　　　　　　　）　　　② （　　　　　　　　　）　　　③ （　　　　　　　　　）

2 圧延・押出し・引抜きの特徴 次の文の（　　）内に，下の語群から適切な語句を選んで記入せよ。

(1) 圧延は（¹　　　　　　）や（²　　　　　　）などの製造に用いられ，回転する（³　　　　　　）の間に材料を通して，連続的に（⁴　　　　　）させる加工法であり，加熱により材料が軟らかくなる温度範囲で圧延する（⁵　　　　　）と，再結晶温度以下で圧延する（⁶　　　　　）がある。

(2) 押出しは，押出し力と押出し方向が同一の（⁷　　　　　　　）と，逆の（⁸　　　　　　）に大別される。コンテナ内の素材は（⁹　　　　）によって押され，素材は大きな（¹⁰　　　　）を受けるので，一工程での大きな変形が可能であるが，（¹¹　　　　　）や工具には大きな力が加えられ，生じる（¹²　　　　）も大きい。とくに（¹³　　　　　）は，加工の進行にともなって素材も前進するので素材とコンテナの間で大きな（¹⁴　　　　）が生じる。なお，（¹⁵　　　　）で押出しを行うことで加工に要する力を小さくすることができる。

(3) 引抜きは（¹⁶　　　　　）の高い製品を得ることができるが，加工中の素材は（¹⁷　　　　　）を受けるので，素材に傷があった場合にはそれは（¹⁸　　　　　）する。したがって，あらかじめ（¹⁹　　　　）や（²⁰　　　　　）で加工したものを仕上げる場合に採用するとよい。

【語群】 圧延　熱間圧延　押出し　前方押出し　後方押出し　熱間　寸法精度
　　　　圧縮力　引張力　コンテナ　摩擦　ラム　ロール　鋼板　形鋼
　　　　変形　拡大　縮小　冷間圧延　プラグ

③ プレス加工 （機械工作1 p.206～218）

1 プレス加工とその特徴 次の文の（ ）内に，下の語群から適切な語句を選んで記入せよ。

(1) プレス加工には，板材を二つの部分に切り離す（¹　　　　　）加工，いろいろな形に曲げる（²　　　　　）加工，継目のない容器状に成形する（³　　　　　）加工などがあり，一般に，それぞれの製品に応じた（⁴　　　　　）を用いて加工する。

(2) 金型の製作には多くの費用と時間を要するが，（⁵　　　　　）生産によって単価を低下させることができる。もちろん，（⁶　　　　　）などの精度の影響を受けるが，製品は均質で（⁷　　　　　）がよく，また（⁸　　　　　）はきわめて短い。

【語群】 加工時間　金型　深絞り　せん断　曲げ　減少　大量　寸法精度
　　　　少量

2 せん断加工 次の文の（ ）内に，下の語群から適切な語句を選んで記入せよ。

(1) せん断加工は，工具の一対の（¹　　　　　）と（²　　　　　）に力を加えて，その間にはさんだ（³　　　　）を切断する工作法である。

(2) せん断の種類は（⁴　　　　　）・（⁵　　　　　）・（⁶　　　　　）がある。

(3) 精度のよいせん断加工法として，（⁷　　　　　）と（⁸　　　　　）のすきまを（⁹　　　　　）して，下から（¹⁰　　　　　）で支持しながらせん断する（¹¹　　　　　）がある。

【語群】 逆押さえ　ダイス　精密打抜き　大きく　縁取り　板押さえ　穴あけ
　　　　プレス加工　打抜き　棒材　板材　パンチ　小さく

■**豆知識**■

管のつくりかた
管には**押出しや引抜き**あるいは**プラグミル方式**による**継目なし管**と，板を成形して管状にしたのち電気抵抗溶接やアーク溶接などによって接合する**継目あり管**に分けられる。前者は強度にすぐれるが高価で，その大きさに制限があり，小さなものは注射針に，大きなものでもボイラの水管など数十mm程度の小径の管に限定される。一方，後者は比較的安価で，とくに石油パイプラインの管などの直径数mに及ぶ大きなものに適しており電縫管やスパイラル管などの製品がつくられる。

3 せん断面 下の図の①～④は，せん断された切り口を示したものである。各部の名称を答えよ。

また，次の文の（　）内に下の語群から適切な語句を選んで記入せよ。

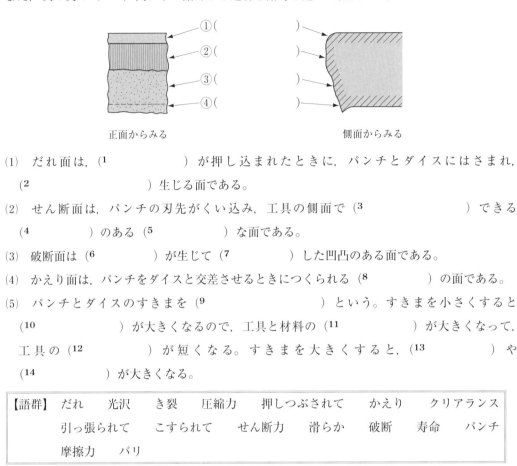

正面からみる　　　　　　　　　　　　　側面からみる

(1) だれ面は，(**1**　　　　　　) が押し込まれたときに，パンチとダイスにはさまれ，

(**2**　　　　　　) 生じる面である。

(2) せん断面は，パンチの刃先がくい込み，工具の側面で (**3**　　　　　) できる

(**4**　　　　) のある (**5**　　　　) な面である。

(3) 破断面は (**6**　　　) が生じて (**7**　　　) した凹凸のある面である。

(4) かえり面は，パンチをダイスと交差させるときにつくられる (**8**　　　) の面である。

(5) パンチとダイスのすきまを (**9**　　　　　) という。すきまを小さくすると

(**10**　　　　) が大きくなるので，工具と材料の (**11**　　　) が大きくなって，

工具の (**12**　　　) が短くなる。すきまを大きくすると，(**13**　　　　) や

(**14**　　　) が大きくなる。

【語群】　だれ　　光沢　　き裂　　圧縮力　　押しつぶされて　　かえり　　クリアランス
引っ張られて　　こすられて　　せん断力　　滑らか　　破断　　寿命　　パンチ
摩擦力　　バリ

4 プレス金型の構造 次の文は外形抜き型の各部を説明したものである。該当する図中の部位の

記号と名称を答えよ。

(1) パンチで打ち抜かれた素材。

(**1**　　　　　　　　　　　)

(2) パンチにはまり込んだ板材が，パンチの上昇にと

もなって上昇するのを防ぎ，パンチからはずすも

の。　　　　　　　　　(**2**　　　　　　)

(3) 板材を一定量送るために設けたピン。

(**3**　　　　　　)

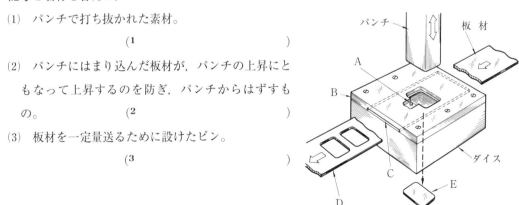

5　プレス金型　次の文の下線部分について正しいものには○印，誤っているものには正しい語句を（　）内に記入せよ。

(1)　抜き型は外形抜き型と内抜き型（1　　　　　　　　）に大別され，前者により打ち抜かれた素材をビレット（2　　　　　　　　）という。

(2)　外形抜き型と穴抜き型を一体にした総抜き型（3　　　　　　　）は，上型パンチと下型ダイス（4　　　　　　）を正しい位置に案内するためのダイホルダ（5　　　　　　　　　）が設けられている。

(3)　板材からできるだけ多くの穴（6　　　　　　　）を打ち抜き，材料のむだをなくすために，打ち抜く位置や配列のしかたを決めることを段取り（7　　　　　　　　）という。

6　曲げ加工　次の文の（　）内に，下の語群から適切な語句を選んで記入せよ。

(1)　板材の曲げたいところにダイスの端を合わせ，（1　　　　　　　）で板材を固定し，突き出ている部分を（2　　　　　　）で押し付けながら曲げる加工方法を（3　　　　　　）という。

(2)　板材をV字形に曲げるために，（4　　　　　　）と（5　　　　　　）を曲げたい形状にしておき，その間に置いた板材をパンチで押し込みながら曲げる加工方法を（6　　　　　　）といい，加工には（7　　　　　　　　）が用いられる。

(3)　長い板材を長手方向に連続して曲げるために，3本の（8　　　　　　　）の間に板材を送りながら曲げる加工方法を（9　　　　　　）という。

(4)　二つの（10　　　　　　　）の間に，長い板材を連続して押し込んで曲げる方法を（11　　　　　　）という。

(5)　曲げられた板材の外側は（12　　　　　　　）を，内側は（13　　　　　　）を受けた結果，外側は伸び，内側は縮む。そして，中央付近では伸びも縮みもしないところがあり，そこを（14　　　　　　）という。

(6)　曲げ加工を施したのち荷重を除去すると変形がすこし（15　　　　　　）現象があり，これを（16　　　　　　　）という。この現象は，曲げの曲率半径が（17　　　　　　）かったり，厚さが（18　　　　　）かったりする材料ほど戻りが大きくなる。

(7)　曲げられた方向に対して直角の方向に生じる（19　　　　　　）は，曲げにともなって板材が受ける圧縮応力や引張応力が原因である。

【語群】　圧縮応力　引張応力　折り曲げ　大き　小さ　ロール　降伏点　薄
送り曲げ　引張強さ　進む　戻る　押さえ板　スプリングバック　余計
プレスブレーキ　荷重　ロール成形　型曲げ　硬い　軟らかい　そり
パンチ　ダイス　中立面

7 深絞り加工の概要 次の文は深絞り加工について示したものである。（　　）内に，下の語群から適切な語句を選んで記入せよ。また，下の図の（　　）の名称を答えよ。

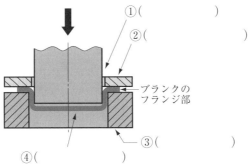

①（　　　　　　　　　　）
②（　　　　　　　　　　）
ブランクの
フランジ部
③（　　　　　　　　　）
④（　　　　　　　　）

(1) 平らなブランクを円筒形や半球形などの底があって継目のない容器に成形する加工法を
（**1**　　　　　）といい，ブランクを（**2**　　　　　）と（**3**　　　　　）の間にはさんで，
（**4**　　　　　）で絞り込んでいく。このとき，（**5**　　　　　）部は，ダイスと
（**6**　　　　　）の間を滑りながらダイス内に絞り込まれる。

(2) 一工程でブランクが破断することなく，深絞りができる限界値を（**7**　　　　　）と
いう。直径と比較して深さが大きい場合は，1回で絞ることができないので，必要に応じて
（**8**　　　　　）を施し，複数回に分けて絞り加工を行う。この繰り返し行う加工を
（**9**　　　　　）という。

(3) 深絞り加工では一般にパンチとダイスのすきまは，ブランクの（**10**　　　　　）より大きく
するが，すきまを小さく設定し，製品の壁厚を（**11**　　　　　）させて容器の深さを
（**12**　　　　　）させ，（**13**　　　　　）を向上させる加工を（**14**　　　　　）という。

(4) 深絞り加工では，パンチ角部やダイス角部周辺の板厚が薄くなるところでは
（**15**　　　　　）しやすいので，しわが生じない範囲で適切な（**16**　　　　　）をした
り，板表面のじゅうぶんな（**17**　　　　　）を行ったりすることがたいせつである。

【語群】　板厚　　再絞り　　潤滑　　パンチ　　しわ押さえ　　ダイス　　限界絞り率
焼なまし　　寸法精度　　しわ伸ばし　　破断　　ブランク　　深絞り　　しごき
減少　　増加　　フランジ　　焼入れ

8 各種の絞り加工 次の文の（　　）内に，適切な語句を記入せよ。

(1) 板材の一部をふくらませ，突起部をつくる成形法を（**1**　　　　　）といい，成形部分が
（**2**　　　　　）によって硬化するので，（**3**　　　　　）を補うことができる。

(2) 平板にパンチで穴をあけると同時に，その穴の周囲に立上りを付ける加工を
（**4**　　　　　）という。さらに二次加工として，円筒部の内側にねじ部を加工すること
を（**5**　　　　　）といい，薄板上のねじ穴として利用される。

4 鍛 造 (機械工作1 p.219〜225)

1 鍛造とその特徴 次の文の（　　）内に，下の語群から適切な語句を選んで記入せよ。

(1) 鍛造は，一般に（1　　　　　　　）温度以上に加熱してやわらかくなった金属素材に，大きな力を加え（2　　　　　　　）させて所要の形状や大きさの製品をつくる加工法である。

(2) 再結晶温度以上で作業する鍛造を（3　　　　　　　）という。この加工法は，鋳塊など素材中の空孔や（4　　　　　）は圧着され，粗大な（5　　　　　　　）は破壊されて微細化し，鍛伸方向に伸ばされた均一で（6　　　　　　　）された組織が形成され，いわゆる（7　　　　　　　）が連続し，強さ，粘り強さなどの（8　　　　　　　）が著しく改善される。

(3) 鍛造を開始するときの温度を（9　　　　　　　　），終了するときの温度を（10　　　　　　　　）といい，それらを（11　　　　　　）という。

(4) 素材を加熱しないまま，金属素材に大きな力を加えて所要の形状や大きさの製品をつくる（12　　　　　　）は，加熱に要する（13　　　　　　　）や時間が節約でき，しかも（14　　　　　　）が高くなり，さらに素材の（15　　　　　）にともなって強さや硬さが増す。しかし，変形に要する力は（16　　　　　）加工の場合に比べて大きくなり，また（17　　　　　）に制限があるので，製品の設計にあたっては特別な配慮を必要とし，円形，あるいは（18　　　　　）の高いものが多い。

> 【語群】　エネルギー　　熱間　　鍛造開始温度　　熱間鍛造　　巣　　微細化　　鍛造温度
> 　　　　　変形量　　冷間鍛造　　再結晶　　鍛造終了温度　　鍛流線　　機械的性質
> 　　　　　塑性変形　　対称性　　寸法精度　　結晶粒　　加工硬化

2 自由鍛造 次の文の（　　）内に，下の語群から適切な語句を選んで記入せよ。

(1) 自由鍛造は，簡単な工具とハンマで素材を（1　　　　　　　）して成形する方法であり，力の加え方や，力を加える（2　　　　　　）を変えることで，いろいろな形に成形することができる。

(2) 自由鍛造は，その作業に（3　　　　　）を必要とし，しかも製品の形状・寸法が不正確なうえ，（4　　　　　）でない。したがって，型鍛造での加工が困難な場合や，鍛造用型の製作費を考慮すると不経済な場合など，生産数量が（5　　　　　　），比較的形状が（6　　　　　）な製品の鍛造にのみ採用されている。

> 【語群】　能率的　　複雑　　簡単　　位置　　型　　ハンマ　　熟練　　つち打ち　　多く
> 　　　　　少なく

3 型鍛造 下線部分について正しいものには○印，誤っているものには正しい語句を （　　　）内に記入せよ。

(1) 型鍛造のさいに用意する素材は，製品の質量より大きい（**1**　　　　　　）ので，型から外に薄くはみ出したふくらみ（**2**　　　　　）が必ず生じる。

(2) 鍛造用型は型の中に素材が完全に満たされるようにフラッシュランド（**3**　　　　　　　）を設けた開放型（**4**　　　　　　）と，余分な素材が横方向に逃げられるようにした半密閉型（**5**　　　　　）に分類され，前者（**6**　　　　　）は比較的複雑な形状の製品の鍛造に適す。

(3) 型鍛造において，素材は型内を完全に満たしたのち，余分な部分がバリとなってはみ出すようにしなければならない。このさい，ガッタ（**7**　　　　　　　　　　）はきわめて重要な働きをなす。すなわち，この部分のすきまは大きく（**8**　　　　　　）してあるので，素材は大きな変形抵抗を受ける。このために型から容易にはみ出すことができず，素材は型内を完全に満たす。

(4) 型鍛造の製造工程は，切断・つぶし・荒地鍛造・仕上げ鍛造・トリミング（**9**　　　　　　　）の順に行われる。

(5) 凹凸模様のついた上下一対の金型でブランク材を強く圧縮し，型の模様をブランクに転写することを圧力加工（**10**　　　　　　）という。この成形法は，硬貨やメダルなどの製造に利用されており，その場合はコイニング（**11**　　　　　）といわれる。

4 鍛造作業の機械化 次の文の（　　　）内に，下の語群から適切な語句を選んで記入せよ。

(1) 鍛造作業の機械化により作業が迅速に行われると，素材の（**1**　　　　　　）が少なくなり，（**2**　　　　）の向上や（**3**　　　　　　）の節約になる。また，作業者の安全や（**4**　　　　　）の向上につながる。

(2) 自由鍛造に多く使用される（**5**　　　　　　）は，金敷上の型とハンマ頭に取り付けられた簡易的な型が（**6**　　　　　　）によって上下することで，鍛造を行う。

　一方，（**7**　　　　　　）は，大きなはずみ車の回転エネルギーをクランク機構により上下運動に変換し，スライド部を上下させて加工する。このため，加工途中での停止は（**8**　　　　）である。構造が簡単であり，（**9**　　　　）動作が可能である。

　さらに，（**10**　　　　　）は，油圧シリンダによる上下運動で加工を行う。加工途中での停止は（**11**　　　）である。クランクプレスよりは（**12**　　　　）であるが，定圧・定速度の動作が可能である。

> 【語群】　温度上昇　　温度低下　　環境衛生　　エネルギー　　品質　　油圧プレス
> 　　　　クランクプレス　　空気ハンマ　　空気シリンダ　　油圧シリンダ　　高速
> 　　　　低速　　容易　　困難

5 その他の塑性加工 (機械工作1 p.226〜232)

1 その他の塑性加工 次の文の（　）内に，下の語群から適切な語句を選んで記入せよ。

(1) 転造は（**1**　　　　　　）を用いて塑性変形させる加工法で，切りくずを出さず，
（**2**　　　　　　）がきわめて短く，その製品には（**3**　　　　　　）の流れが連続して
いるので（**4**　　　　　　）による製品に比べて強く，歯車や（**5**　　　　　　）などをつくる
のに適している。

(2) 圧造は（**6**　　　　　　）ともよばれ，線材を（**7**　　　　　　）とダイスを用い，常温で
（**8**　　　　　　）することにより部品を成形する加工法である。

(3) スピニング加工は成形型を加工機械の（**9**　　　　　　）に取り付け，センタに取り付けた
（**10**　　　　　　）で円形の板材を成形型に押し付けて徐々に絞っていく加工法であり，
（**11**　　　　　　）ともよばれている。

【語群】	ラム　　ダイス　　パンチ　　押し金具　　冷間圧造　　熱間圧造　　圧縮
	引張　　繊維状組織　　へら絞り　　切削加工　　加工時間　　主軸　　ねじ

6 型を用いた成形法 (機械工作1 p.228〜232)

1 型を用いた成形法 次の文の（　）内に，下の語群から適切な語句を選んで記入せよ。

(1) 射出成形は（**1**　　　　　　）を用いた成形法であり，加熱して（**2**　　　　　　）した材料
を金型に射出して製品がつくられる。

(2) 射出成形材料は（**3**　　　　　　）のほかに，ゴム，ガラス繊維との混合体，
（**4**　　　　　　）などが用いられている。また，プラスチックには，再利用を容易
にするために，射出成形品には（**5**　　　　　　）が明記されている。

(3) 射出成形の工程は，（**6**　　　　　　）工程 → （**7**　　　　　　）工程 →
（**8**　　　　　　）工程 → （**9**　　　　　　）工程で加工される。

(4) 粉末冶金は（**10**　　　　　　）を，金型に入れて大きな力で（**11**　　　　　　）することで成
形して（**12**　　　　　　）をつくり，これを加熱して金属粉をたがいに結合させるための
（**13**　　　　　　）を行い製品がつくられる。

【語群】	取出し　　ランナー　　マグネシウム金属　　圧粉体　　焼結　　ノズル　　金型
	樹脂材料供給・冷却　　プラスチック　　型締　　加熱　　溶融　　射出　　圧縮
	材質　　金属粉

第6章 切削加工

1 切削加工の分類 （機械工作2 p.8〜11）

1 切削加工の概要 次の文は切削加工の概要について述べたものである。（　　）内に適当な語句を記入して完成させよ。

　　棒材・形材や，鋳造・鍛造などでつくられた工作物と（**1**　　　　　）とに相対運動を与えて，工作物の不要な部分を切りくずとして刃物で削り取って，所要の形状や大きさに仕上げる加工法を（**2**　　　　　）という。

　　この加工は，鋳造や塑性加工に比べ，比較的高い（**3**　　　　　）が得られる特徴があり，金属材料はもとより，木材や（**4**　　　　　）などの（**5**　　　　　）の加工にも広く利用されている。

2 切削加工と切削工具 次の文と図は切削加工と切削工具について述べたものである。（　　）内に適当な語句を記入して完成させよ。

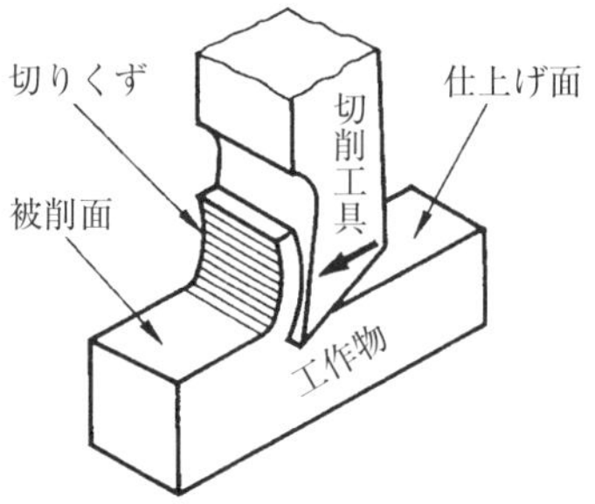

(1) 切削作用は，右図に示すように，（**1**　　　　　）の削ろうとする部分に，工作物より（**2**　　　　　）くさび状の刃物を押し込んでいき，工作物から不要な部分を（**3**　　　　　）ことである。削り取られた不要な部分を（**4**　　　　　）といい，削られる前の面を（**5**　　　　　），削られた新しい面を（**6**　　　　　）いう。また，これに用いる刃物を（**7**　　　　　）あるいは，たんに（**8**　　　　　）という。

切りくず　　　　仕上げ面

切削工具

被削面

工作物

(2) 切削加工の能率や仕上げ面の良否および工具の寿命は，切れ刃のつくりかたすなわち刃部の（**9**　　　　　）はもとより，刃部の（**10**　　　　　）や（**11**　　　　　）などの影響を受けるので材質の選択もきわめて重要である。

3 工作機械と切削工具の運動 次の文は工作機械と切削工具の運動について述べたものである。（　　）内に適当な語句を記入して完成させよ。

　　工作機械とは，（**1**　　　　　）と（**2**　　　　　）に正確な（**3**　　　　　）を与えて切削する機械のことをいう。

　　工作機械の切削運動は，（**4**　　　　　），（**5**　　　　　）および（**6**　　　　　）からなり，その運動のしかたはそれぞれ異なったものとなる。

2 おもな工作機械と切削工具 (機械工作2 p. 12～31)

1 旋 盤

1 旋盤の作用と旋盤各部の名称 次の文は普通旋盤の各部の名称を示したものである。（　）内に適当な語句を記入して完成させよ。また，下の図の（　）に名称を記入せよ。

(1) 旋盤は，工作物に回転運動を与え，バイトに（**1**　　　　　）と（**2**　　　　　）を与えて，おもに（**3**　　　　　）面を切削する工作機械である。

(2) 旋盤の主運動は（**4**　　　　　）運動で，送り運動および位置調整運動は（**5**　　　　　）運動である。

①（　　　　　） ②（　　　　　） ③（　　　　　） ④（　　　　　）

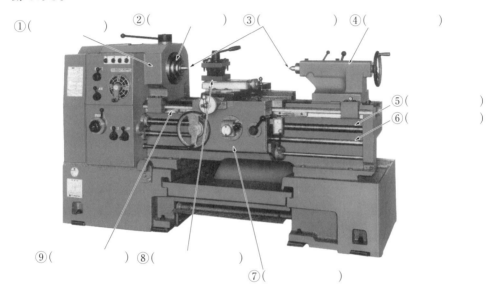

⑤（　　　　　）
⑥（　　　　　）

⑨（　　　　　） ⑧（　　　　　）

⑦（　　　　　）

2 旋 削 下図に示した旋削の名称を（　）内に記入せよ。

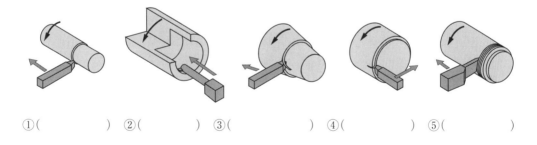

①（　　　　　） ②（　　　　　） ③（　　　　　） ④（　　　　　） ⑤（　　　　　）

■豆知識■

旋盤の自動送り
産業革命の終わりごろ（1797年），モーズリは，ねじで送る刃物送り台付きの旋盤を発明した。

3　バイト各部の名称　下の図はバイトの各部の名称を示したものである。(　　)内に各部の名称を記入せよ。また，下記の文の(　　)内に適当な語句を記入して完成させよ。

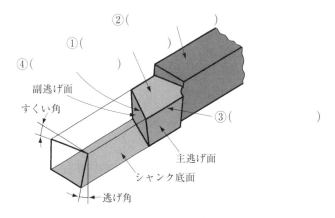

②(　　　　　　　　)
①(　　　　　　　　)
④(　　　　　　　　)
副逃げ面
すくい角
③(　　　　　　　　)
主逃げ面
シャンク底面
逃げ角

(1)　すくい面の傾きを表す角度を(^{1}　　　　　　　)という。この角度が大きいほど切りくずが(^{2}　　　　　　　)に出て，いわゆる(^{3}　　　　　　)がよく，(^{4}　　　　　　)仕上げ面が得られる。

(2)　逃げ面の傾きを表す角度が(^{5}　　　　　　)であり，工作物とバイトとの摩擦を少なくするために設けられる。この角度が小さいと刃部の(^{6}　　　　　)を早める。

(3)　切れ刃の先端であるコーナに丸みがある場合，その半径は(^{7}　　　　　　　)とよばれ，刃先の(^{8}　　　　)と(^{9}　　　　　　　)に直接影響する。

─■豆知識■─

いろいろな旋盤

工作物を旋削する工作機械を総称して旋盤といいますが，普通旋盤以外に，時計部品のような小さな工作物を削る卓上旋盤（bench lathe），製鉄所などの大きな圧延ロールを削るロール旋盤（roll lathe），直径の大きな工作物や釣り合いのとりにくい工作物を載せるためのテーブルをもつ立て旋盤（vertical lathe），鉄道車両の車輪を削る車輪旋盤（wheel lathe），大型船舶などのエンジンのクランク軸を削るクランク軸旋盤（crank shaft lathe）やクランクピン旋盤（crank pin lathe），親ねじを削り出す親ねじ旋盤（lead screw chasing lathe），ねじ切りに特化したねじ切り旋盤（thread chasing lathe），旋回割り出しのできる刃物台に取り付けた工具で次々に加工する大量生産に適したタレット旋盤（turret lathe），NC旋盤が登場するまでは複雑な曲線などの旋削に活躍したならい旋盤（copying lathe）などがあります。工場見学のさいに見学できると良いですね。

4 バイトの種類 下の図は旋盤作業に用いられる付刃バイトの形状と用途による種類である。バイトの名称を（　　）内に記入せよ。

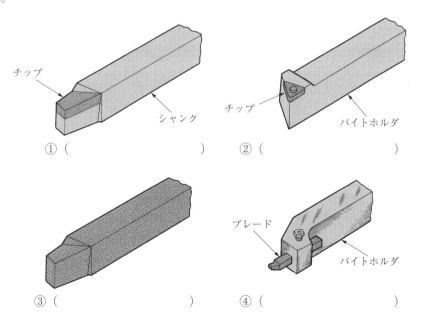

① (　　　　　　　　　　　　　　　) ② (　　　　　　　　　　　　　　　　)

③ (　　　　　　　　　　　　　　　) ④ (　　　　　　　　　　　　　　　　)

⑤ (　　　　　　　　　　　　　　　) ⑥ (　　　　　　　　　　　　　　　　)

⑦ (　　　　　　　　　　　　　　　) ⑧ (　　　　　　　　　　　　　　　　)

⑨ (　　　　　　　　　　　　　　　) ⑩ (　　　　　　　　　　　　　　　　)

⑪ (　　　　　　　　　　　　　　　) ⑫ (　　　　　　　　　　　　　　　　)

⑬ (　　　　　　　　　　　　　　　)

5 バイトの構造 下の図は旋盤作業に用いるバイト構造による種類である。（　　）内に名称を記入せよ。

チップ

シャンク

① (　　　　　　　　　　　　)

チップ

バイトホルダ

② (　　　　　　　　　　　　)

③ (　　　　　　　　　　　　)

ブレード

バイトホルダ

④ (　　　　　　　　　　　　)

2 フライス盤

1 フライス盤の種類 下記の文はフライス盤の種類について述べたものである。（　　）内に適当な語句を記入して完成させよ。また，下の図の（　　）に名称を記入せよ。

フライスとよばれる切削工具に回転運動を与え，テーブル上に取り付けた工作物に平面や溝などを切削する工作機械が（1　　　　　　　　　　）であり，主軸の向きによって（2　　　　　　　　　　）と（3　　　　　　　　　　）に分類される。

横フライス盤の構造に加えてサドルの上に（4　　　　　　　　　　）があり，テーブルを水平面内である角度だけ任意に旋回することができるのが（5　　　　　　　　　　）である。

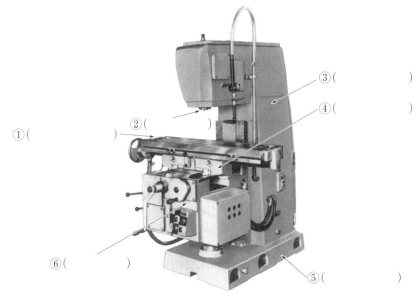

①（　　　　　）　②（　　　　　）　③（　　　　　）　④（　　　　　）　⑤（　　　　　）　⑥（　　　　　）

ひざ形立てフライス盤

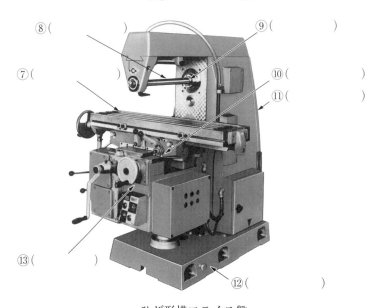

⑦（　　　　　）　⑧（　　　　　）　⑨（　　　　　）　⑩（　　　　　）　⑪（　　　　　）　⑫（　　　　　）　⑬（　　　　　）

ひざ形横フライス盤

2　フライス削りの種類　下記の文はフライス削りについて述べたものである。（　　　）内に適当な語句を記入して完成させよ。

(1)　フライス削りに使われるフライスには，円筒の端面に切れ刃をもつ（1　　　　　　　　　　　），円筒外周と円筒端面に切れ刃をもつ（2　　　　　　　　　），円筒外周に複数の切れ刃をもつ（3　　　　　　　　　）などがある。

(2)　旋削では，刃部がつねに工作物に接して加工する（4　　　　　　　　）が多いが，フライス削りでは，一つの刃部が工作物に接触と非接触を繰り返す（5　　　　　　　　）となるため，加工に（6　　　　　　）をともないやすい。

3　フライス作業　下の図はフライス盤によるいろいろな作業を示したものである。それぞれの作業の名称を（　　　）内に記入し，さらに作業に適したひざ形フライス盤の名称を［　　　］内に記入せよ。

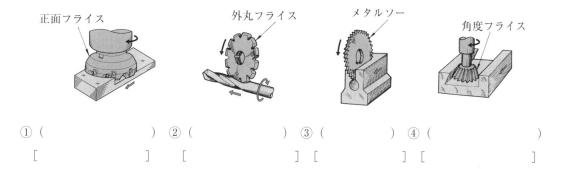

正面フライス　　　　外丸フライス　　　　メタルソー　　　　角度フライス

①（　　　　　　　　）　②（　　　　　　　　）　③（　　　　　　　　）　④（　　　　　　　　）

［　　　　　　］　　［　　　　　　　］　［　　　　　　　］　［　　　　　　　］

4　上向き削りと下向き削り　次の表は上向き削りと下向き削りの違いについて述べたものである。（　　　）内に適当な語句を記入して完成させよ。

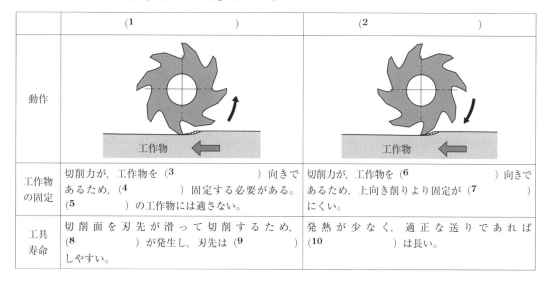

	(1　　　　　　　　　　)	(2　　　　　　　　　　)
動作	工作物	工作物
工作物の固定	切削力が，工作物を（3　　　　　　　）向きであるため，（4　　　　　）固定する必要がある。（5　　　　　）の工作物には適さない。	切削力が，工作物を（6　　　　　　　）向きであるため，上向き削りより固定が（7　　　　　）にくい。
工具寿命	切削面を刃先が滑って切削するため，(8　　　　　)が発生し，刃先は（9　　　　　　）しやすい。	発熱が少なく，適正な送りであれば(10　　　　　　)は長い。

3 ボール盤

1 ドリル 次の文はドリルについて記述したものである。（　）内に適当な語句を記入して完成させよ。

(1) ドリルは，(**1**　　　　　　) に用いられる切削工具で，(**2**　　　　　　) の主軸に取り付けたドリルを回転させて穴あけする場合と，(**3**　　　　　) の心押台にドリルを取り付けて工作物を回転させて穴あけする場合とがある。

(2) ドリルを構造上から分類すると，(**4**　　　　　) と (**5**　　　　　) が同一材料でつくられた (**6**　　　　　) と，(**7**　　　　　) と (**8**　　　　　) を溶接した (**9**　　　　　)，また，超硬合金などをろう付けした (**10**　　　　　) などがある。

(3) 現在最も多く用いられているのは (**11**　　　　) ねじれドリルである。

2 ドリル各部の名称 下の図はドリルの各部の名称を示したものである。（　）内に名称を記入せよ。

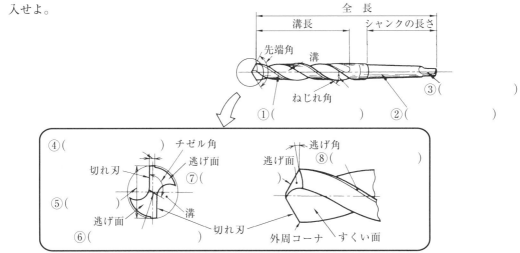

3 ボール盤とドリル 次の文はボール盤とドリルについて述べたものである。（　）内に適当な語句・数字を記入して完成させよ。

(1) 直径 (**1**　　　) mm 以下のドリルは，本体と同じ直径のシャンクの (**2**　　　　　　) ドリルで，ボール盤の主軸にはドリルチャックを介して取り付ける。一方，これより直径が大きなドリルは，タングの方向にしだいに細くなっている (**3**　　　　　) ドリルなので，ソケットやスリーブを介して主軸の穴に直接はめ込む。

(2) (**4**　　　　　　) は作業台の上にすえ付けて使用するのが一般的で，これにはあらかじめドリルチャックを取り付けておくことが多いが，作業場の床に設置する (**5**　　　　　) の場合には，必要に応じて取り付けるのが一般的である。

(3) ボール盤の (**6**　　　) 運動は主軸の回転によるが，(**7**　　　　) 運動ともいえる (**8**　　　) 運動は (**9**　　　　　) などによる主軸の下降である。

(4) 大きな穴をあける場合には，まず下穴をあけることがよく行われる。これは，(10   ) による切削抵抗を封じるために行うものなので，その径はチゼルエッジの長さより (11   ) ものでなければならない。また，チゼルエッジそのものを小さくする (12   ) を施すこともある。

4 ボール盤の加工分野 次の図はボール盤による加工分野を示したものである。(   ) 内に加工名，また [   ] 内に切削工具の名称を記入せよ。

[   ]   [   ]   [   ]

① (   )   ② (   )   ③ (   )

座ぐり用沈めフライス   皿小ねじ用沈めフライス   六角穴付きボルト用沈めフライス

④ (   )   ⑤ (   )   ⑥ (   )

5 リーマとタップ 次の文はリーマとタップについて述べたものである。下の語群から適切な語句を選んで (   ) 内に記入して完成させよ。

(1) ドリルであけた穴を万能投影機で拡大して見ると，その形状は (1   ) にはほど遠く，しかも (2   ) による傷のために内面は滑らかでない。そこで，軸方向に多数の刃をもつ (3   ) で仕上げる。

(2) タップは (4   ) を切る工具で，手仕上げで用いる一般的な3本一組の等径ハンドタップは (5   ) の長さだけが異なっており，食付き部の長い (6   ) タップ，中タップ，(7   ) タップの順に用いる。

(3) ねじれ刃リーマは (8   ) がある部品の穴，テーパリーマは (9   ) を打ち込む穴の仕上げに用いる。リーマはタップハンドルに取り付けて手で回すことも多いが，旋盤の (10   ) に取り付けて用いる場合には機械作業用のリーマを用いる。

(4) タップやリーマを通す前には，これらより (11   ) をドリルであけておく。

【語群】 上げ   おねじ   めねじ   外周コーナ   食付き部   先   大きな下穴
小さな下穴   軸方向   真円   リーマ   テーパピン   平行ピン   キー溝
心通し軸   心押台

4 その他の切削工作機械

1 中ぐり盤　次の文は中ぐり盤について述べたものである。（　　）内に適当な語句を記入して完成させよ。

(1)　中ぐり盤は，主運動は（**1**　　　　　）運動をする中ぐりバイトに与えられるが，送りや切込みは，工作物または中ぐりバイトに与える場合がある。

(2)　中ぐり盤による加工は，すでにあけられている穴をさらに大きくしたり，精度をよくする切削加工がおもであるが，（**2**　　　　）削りや（**3**　　　　　　）削りなどもできる。

(3)　中ぐり盤は（**4**　　　　　　　　）に特化した工作機械であり，大きい工作物に（**5**　　　　　）や（**6**　　　　　）の加工ができる。

2 形削り盤　次の文は形削り盤について述べたものである。（　　）内に適当な語句を記入して完成させよ。

(1)　形削り盤はラムの動きが切削時より非切削時に早く動作するように（**1**　　　　　　）が組み込まれているが，それでも切削が（**2**　　　　　　）となるために（**3**　　　　　）は悪い。

(2)　形削り盤は切削時に発生する（**4**　　　　）が少ないため，（**5**　　　　　　）の影響を受けやすい材質や形状の工作物の加工に有利である。

(3)　形削り盤などで使用される（**6**　　　　）バイトは，切れ刃がバイトのシャンク部の底面と（**7**　　　）高さか，または，底面より（**8**　　　　　）形状が特徴である。

3 腰折れバイト　右下の図および次の文はバイトで平面を削るときの様子を述べたものである。（　　）内に適当な語句を記入して完成させよ。

切削によって刃先に力がかかると，(a)，(b)どちらのバイトも，刃先は刃物台上の点（**1**　　　）を中心にたわみ，弧 RR′ に沿って動く。

このとき図（**2**　　　）の刃先は，仕上げ面に食い込んでしまうが，（**3**　　　　　）盤に用いる（**4**　　　　）バイトの刃先は工作物に食い込まず，仕上げ面より上へ逃げる。

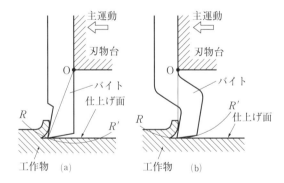

■豆知識■

町工場（まちこうば）

最近ではあまり使用されなくなった言葉だが，ある種の懐かしさを感じさせる言葉でもある。東京の下町などにある小さな工場のことで，それぞれの工場が特色を出し合って日本の生産活動をささえている。

4　ブローチ盤　次の文はブローチ盤について述べたものである。下の語群から適切な語句を選んで（　）内に記入して完成させよ。

(1)　ブローチ盤は，前部案内から後部案内へとしだいに形状を大きくした多数の切れ刃をもつ（**1**　　　　　　　　）という切削工具に（**2**　　　　　　　）運動の主運動を与え，工作物の穴内面や表面を加工する工作機械である。

(2)　ブローチ盤には，（**3**　　　　　　　　　）と（**4**　　　　　　　　　）があり，駆動には（**5**　　　　　　）を用いているものが多い。

(3)　ブローチを用いた加工法を（**6**　　　　　　　　）といい，（**7**　　　　　　　）が高く，均一なものが得られる。しかもブローチを通すだけで荒削りから仕上げ削りまで（**8**　　　　　　　）な加工ができるので，（**9**　　　　　　　　）が速く，（**10**　　　　　　　　）には欠くことのできない加工法の一つである。しかし，一般にブローチは（**11**　　　　　　）なので，少量生産の場合には（**12**　　　　　　　）に不利になる場合が多い。

【語群】	内面ブローチ盤	外面ブローチ盤	加工速度	安価	油圧	直線
	加工精度	ブローチ	ブローチ削り	高価	経済的	連続的
	断続的	回転	大量生産			

5　歯切り盤　次の文は歯切り盤について述べたものである。（　）内に適当な語句を記入して完成させよ。

(1)　歯車は広く用いられている機械部品で，（**1**　　　　　　　）・（**2**　　　　　　　　）・（**3**　　　　　　　）・ウォームホイールなど種類も多い。

(2)　歯車を加工するには，（**4**　　　　　）やプレスによる方法もあるが，切削加工する場合も多い。切削加工による場合は，専用の（**5**　　　　　　　）を用いる。

(3)　歯切り盤には，歯車の歯溝と同じ形状の切削工具すなわち（**6**　　　　　　　　　）などを用いて削り出す（**7**　　　　　　　　）と，工作物と（**8**　　　　　　）とよばれる切削工具とがかみ合うように相対運動を与えて削り出す（**9**　　　　　　　）とがある。

左ねじれ

右ねじれ

平　歯　車　　　　　はすば歯車　　　　　かさ歯車

3 切削工具と切削条件 （機械工作2 p.32〜43）

1 切削工具材料名 次の文に該当する切削工具材料名を（ ）内に記入せよ。

(1) 600℃ ぐらいまで硬さの低下しない切削工具用鋼 （ ）

(2) 靭性や硬さが超硬合金とセラミックスの中間的性質の切削工具材料 （ ）

(3) 現在ではダイヤモンドに次ぐ硬さをもち，cBN ともよばれる切削工具材料

（ ）

(4) 酸化アルミニウムなどの微粉を主成分としてつくられた切削工具材料（ ）

(5) 焼入れ性や耐熱性の向上のために，炭素工具鋼にクロム・タングステン・ニッケルなどを加えたもので，450℃ 付近までは硬さが低下しない切削工具用鋼 （ ）

(6) ガラスの切削には用いられるが，鋼の切削には用いることのできない切削工具材料

（ ）

(7) 炭化チタンや窒化チタンを主成分とし，ニッケルやコバルトを結合金属として焼結した切削工具材料 （ ）

(8) 炭化タングステンに炭化チタン・炭化タンタルなどを加えて，コバルトを結合金属として焼結した切削工具材料 （ ）

(9) 現在では，もっとも硬い切削工具材料 （ ）

2 切削工具材料 次の文のうち切削工具材料として必要な条件と思われるものには○印を，ちがうと思われるものには×印を（ ）内に記入せよ。

(1) 工作物よりも硬いこと。 （ ）

(2) 高価でもよいから耐摩耗性の小さいもの。 （ ）

(3) 所要の形状につくりやすいもの。 （ ）

(4) 線膨張係数の大きいもの。 （ ）

(5) 安価で入手しやすいもの。 （ ）

(6) 硬くてもろいもの。 （ ）

(7) 高温度になっても硬さが低下しないもの。 （ ）

(8) 切削速度を大きくできるもの。 （ ）

(9) 靭性が大きく，すぐに折れたり欠けたりしないもの。 （ ）

(10) 耐摩耗性が大きく，なかなか摩滅しないもの。 （ ）

■豆知識■

Lathe（旋盤）

天井側に取り付けた棒（Lathe という）の端に綱を付け，この綱を工作物にまき付けてから下の端をふみ板に取り付けて，このふみ板を足でふむと工作物は左，右に回転する。このような旋盤が中世のヨーロッパで発明されていた。これをポール旋盤という。

3 切削速度の計算

⑴ 旋盤で，直径 50 mm の炭素鋼材を回転速度 630 min^{-1} で外丸削りする場合の切削速度を求めよ。

$$v = \frac{\pi D n}{1000} = \frac{(^1\qquad) \times (^2\qquad) \times (^3\qquad)}{(^4\qquad)}$$

$$= (^5\qquad) \text{ m/min}$$

答 ($^5\qquad$) m/min

⑵ 直径 100 mm の正面フライスで工作物をフライス削りする場合の切削速度を求めよ。ただし，フライス盤の主軸の回転速度を 255 min^{-1} とする。

$$v = \frac{\pi D n}{1000} = \frac{(^6\qquad) \times (^7\qquad) \times (^8\qquad)}{(^9\qquad)}$$

$$= (^{10}\qquad) \text{ m/min}$$

答 ($^{10}\qquad$) m/min

4 回転速度の計算

⑴ 直径 5 mm のドリルで切削速度 10 m/min で鋼に穴あけを加工する場合の回転速度を求めよ。

$$n = \frac{1000v}{\pi D} = \frac{(^1\qquad) \times (^2\qquad)}{(^3\qquad) \times (^4\qquad)}$$

$$= (^5\qquad) \rightarrow (^6\qquad) \text{ min}^{-1}$$

答 ($^6\qquad$) min^{-1}

⑵ 直径 50 mm の工作物を外丸削りする場合の旋盤の主軸の回転速度を求めよ。ただし，切削速度を 35 m/min とする。

$$n = \frac{1000v}{\pi D} = \frac{(^7\qquad) \times (^8\qquad)}{(^9\qquad) \times (^{10}\qquad)}$$

$$= (^{11}\qquad) \rightarrow (^{12}\qquad) \text{ min}^{-1}$$

答 ($^{12}\qquad$) min^{-1}

5 切削時間の計算

送り量 0.2 mm/rev で，長さ 80 mm の工作物を外丸削りする場合，主軸の回転速度を 250 min^{-1} とすると，切削するには何分かかるか求めよ。

・長さ 80 mm を外丸削りするのに要する主軸の回転回数

$$\frac{(^1\qquad)}{(^2\qquad)} = (^3\qquad) \text{ 回}$$

・切削に要する時間

$$\frac{(^4\qquad)}{(^5\qquad)} = (^6\qquad) \text{ min}$$

答 ($^6\qquad$) min

6　フライスの回転速度と送り速度　径 100 mm，刃数 12 枚の高速度工具鋼の平フライスで，長さ 200 mm の鋼の角棒を削るとき，切削速度を 25 m/min，1 刃あたりの送り量を 0.2 mm/刃とすると，主軸の回転速度はいくらを選んだらよいか。また，テーブルの送り速度［mm/min］はいくらにしたらよいか。このフライス盤の主軸回転速度（min^{-1}）は 50，80，125，200，315，500，800，1250 である。

$$n = \frac{1000v}{\pi D} = \frac{1000 \times 25}{3.14 \times 100} = (^1\qquad\qquad) \rightarrow (^2\qquad\qquad)\ \text{min}^{-1}$$

$$v_f = f_z \cdot Z \cdot n = (^3\qquad\qquad) \times (^4\qquad\qquad) \times (^5\qquad\qquad)$$

$$= (^6\qquad\qquad)\ \text{mm/min}$$

答　主軸回転速度（$^2\qquad\qquad$）min^{-1}，送り速度（$^6\qquad\qquad$）mm/min

7　切削条件の選定　次の文は切削条件の選定について述べたものである。下の語群から適切な語句を選んで（　　）内に記入して完成させよ。

⑴　切削加工を行う場合には工作物の材質・形状や要求される（$^1\qquad\qquad$）・（$^2\qquad\qquad$）などを把握したうえで，生産能率を考えて使用する工作機械や切削工具を決め，さらに（$^3\qquad\qquad$）・（$^4\qquad\qquad$）・（$^5\qquad\qquad$）などの切削条件を決める。

⑵　切削工具が，工作物から不要な部分を削り取るさいの周速度や接線速度などの速度を（$^6\qquad\qquad$）といい，その単位には（$^7\qquad\qquad$）を用いる。この値は切削加工の（$^8\qquad\qquad$）や（$^9\qquad\qquad$）に最も大きな影響を及ぼす。

⑶　単位時間あたりの切削量を示す（$^{10}\qquad\qquad$）は，旋削やドリリングの場合には主軸 1 回転あたりの移動量で表し，その単位には（$^{11}\qquad\qquad$）を用いる。

　　しかし，正面フライス削りの場合にはフライスの刃 1 枚ごとに送られる移動量で表すので，その単位は（$^{12}\qquad\qquad$）となる。これらの値は（$^{13}\qquad\qquad$）に大きな影響を及ぼす。

⑷　被削面から仕上げ面までの距離［mm］で表す（$^{14}\qquad\qquad$）は，切削加工の能率に大きな影響を及ぼすので（$^{15}\qquad\qquad$）では大きな値とするが，その最大値は切削工具の（$^{16}\qquad\qquad$），および工作機械の剛性や（$^{17}\qquad\qquad$）の大きさで決まる。

⑸　良好な仕上げ面を得るためには送り量を（$^{18}\qquad\qquad$），切削速度を（$^{19}\qquad\qquad$）すると良い。しかし，切削速度を速くしていくと（$^{20}\qquad\qquad$）が急激に短くなる。

【語群】 切削速度　　工具寿命　　送り量　　荒削り　　仕上げ面の粗さ　　m/min
mm/刃　　m/s　　mm/rev　　小さく　　大きく　　効率　　生産数量　　種類
速く　　切込み　　動力

8　工具寿命　下の図の右片刃バイトの刃部の摩耗を示したものである。①〜⑦の（　　）に名称を記入せよ。また，次の文の（　　）内に適当な語句を下の語群から選んで完成させよ。

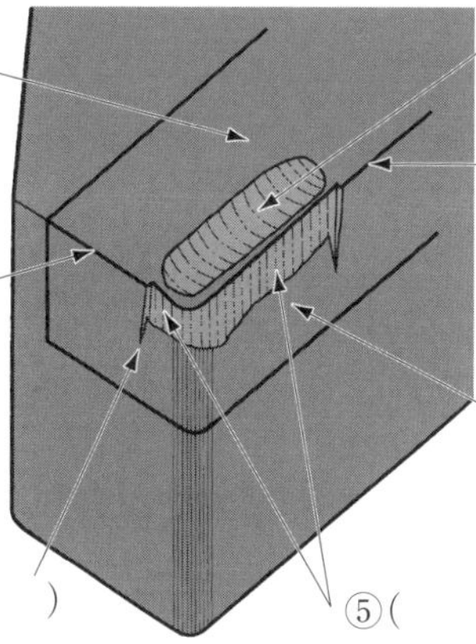

①（　　　　　　）
②（　　　　　　　　）
③（　　　　　　　　）
⑦（　　　　　　）
④（　　　　　　　　）
⑥（　　　　　　　　）
⑤（　　　　　　　　　）

(1)　切削加工では，切削工具の刃部が（**1**　　　　　　）や欠損をして，その刃部の状態が悪くなると，（**2**　　　　　　）が増し，（**3**　　　　　　）にも悪い影響を及ぼす。このような場合は，刃部を（**4**　　　　　　）するか，切削工具の取り換えが必要になる。

(2)　切削工具の刃部は，工作物および切りくずとの大きな摩擦で（**5**　　　　　　）になり，摩耗の現象が生じる。すくい面の摩耗が（**6**　　　　　　）であり，切れ刃の近くに生じるくぼみを（**7**　　　　　　）といい，超硬合金工具で鋼材を（**8**　　　　　　）する場合に生じやすい。また，逃げ面の摩耗を（**9**　　　　　　）という。

(3)　切れ刃が完全に切れなくなるまで切削工具を使用すると摩耗部分が大きくなり，刃部の（**10**　　　　　　）のさいに刃部の多くの部分を（**11**　　　　　　）ことになる。また，再研削の時間も長くかかり（**12**　　　　　　）でない。

> 【語群】　低温　　高温　　高速切削　　低速切削　　再研削　　切削抵抗　　摩耗　　摩擦
> 　　　　　仕上げ面　　被削面　　研ぎ落とす　　クレータ　　逃げ面摩耗　　すくい面摩耗
> 　　　　　経済的

9　工具寿命の判定基準　経済的な意味での工具寿命の判定基準を(1)〜(5)に記せ。また，下記のそれぞれの切削時において，工具寿命を判断することが多い現象をそれぞれ（　）の番号で答えよ。

(1)　

(2)　

(3)　

(4)　

(5)　

・高速度工具鋼工具を使用して切削している場合　(6)　

・超硬合金工具を使用して切削している場合　(7)　

・仕上げ削りの場合　(8)

4 切削理論 （機械工作2　p.44～52）

1　切削作用　下の図は切りくずの塑性変形を示したものである。（　　）内に適当な語句を記入せよ。

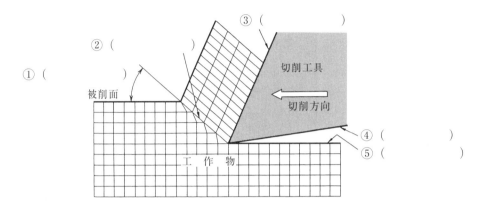

2　切りくずの形態　次の文と下の図は切りくずの発生の形態などを示したものである。（　　）内に適切と思われる切りくずの形態の名称を記入せよ。

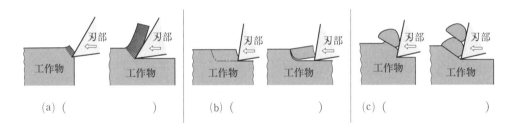

(a) (　　　　　　　)　　　(b) (　　　　　　　)　　　(c) (　　　　　　　)

(1) 切りくずとなる部分がわずかに塑性変形して，工作物にき裂が生じて切り離される切りくず。

(　　　　　　　　)

(2) 刃物のすくい面上を流れるようにできる切りくず。　　　　　（　　　　　　　　）

(3) ある程度変形したのちにせん断面に沿ってせん断が起こる切りくず。　（　　　　　　　）

3　被削材と切りくず　次の文は削られる材料の性質によって切りくずの形態が異なることを示したものである。（　　）内に切りくずの形態名を記入せよ。

(1) ねずみ鋳鉄のようにもろい材料を切削するときにできる切りくず　　（　　　　　　　）

(2) 延性に富む材料を，小さなすくい角で切削するときにできる切りくず　（　　　　　　）

(3) 銅のような延性に富む材料を，大きなすくい角で切削するときの切りくず

(　　　　　　　　)

4　切削加工と熱　次の文は切削中の熱の発生と切削温度について述べたものである。（　　）内に適当な語句を記入して完成させよ。

切削に要する動力のほとんどは，せん断面における（1　　　　　　　　）や，切削工具の刃部と切りくずや工作物の仕上げ面との（2　　　　　　　）などに費やされ，これが（3　　　　　　）となり切削部分は高い温度になる。発生した熱の大部分は（4　　　　　　　）にもち去られるが，一部は（5　　　　　　　）や工作物へ伝わって，これらの温度を上昇させる。

切削部分の温度分布はかなり複雑であるが，切削工具の（6　　　　　　　　　　　　）が最も高温度で，その値は（7　　　　　　　）に大きな影響を与えている。

また，切削温度は工作物の（8　　　　　　）や，（9　　　　　　　），切込み，（10　　　　　　）などの切削条件によって著しく変化するが，とくに（11　　　　　　　）の増加によって急激に上昇する。

5　構成刃先　次の文は構成刃先について述べたものである。（　　）内に適当な語句を記入して完成させよ。

低炭素鋼やアルミニウムなどを比較的低速で切削すると，工作物と刃部の間に生じる大きな（1　　　　　　）と（2　　　　　　）によって，（3　　　　　　　）の一部が刃先に付着し，これがしだいにたい積してち密な組織に成長し，（4　　　　　）をくるんでしまうことがある。

この付着物は加工硬化されて硬く，切削工具の切れ刃にかわって切削作用をするので，（5　　　　　　　）とよばれる。

構成刃先は，ある大きさになると刃先から脱落するので，たえず，（6　　　　　）→成長→脱落を繰り返す。このため，一般に構成刃先ができると（7　　　　　　　）に悪影響を与える。

6　構成刃先の発生防止　構成刃先を防止するための対策方法を二つ記せ。

(1) _____

(2) _____

7　びびり　切削加工におけるびびりとはどのような現象か。また，その防止対策を記せ。

(1)　どのような現象か。

_____

_____

(2)　防止対策

_____

_____

8　切削油剤　切削加工を行うときには必要に応じて切削油剤を使用する。その三つの作用と目的を①～③に記せ。また，次の文の（　　）内に適当な語句を記入して完成させよ。

① ＿＿＿＿＿＿＿＿＿： ＿＿＿＿＿＿＿＿＿＿＿＿＿＿＿＿＿＿＿＿＿＿＿＿＿＿＿＿＿

＿＿

② ＿＿＿＿＿＿＿＿＿： ＿＿＿＿＿＿＿＿＿＿＿＿＿＿＿＿＿＿＿＿＿＿＿＿＿＿＿＿＿

＿＿

③ ＿＿＿＿＿＿＿＿＿： ＿＿＿＿＿＿＿＿＿＿＿＿＿＿＿＿＿＿＿＿＿＿＿＿＿＿＿＿＿

＿＿

(1) 切削油剤を大別すると（**1**　　　　　　）と（**2**　　　　　　）があり，（**3**　　　　　），（**4**　　　　　），添加剤の種類や量によっていろいろな種類がある。

(2) 切削油剤の廃液の処理は（**5**　　　　　　）にも関係があり，その取り扱いについては，（**6**　　　　　　）をはじめ，各種の法令や規則・注意事項が定められている。

9　切削抵抗　右の図の①～③は切削抵抗の3分力を示したものである。（　　）内に3分力の名称を記入せよ。また，次の文の（　　）内に適当な語句を記入して完成させよ。

② （　　　　　　）
③ （　　　　　　）
工作物
送り方向
バイト
回転方向
切削抵抗
① （　　　　　　）

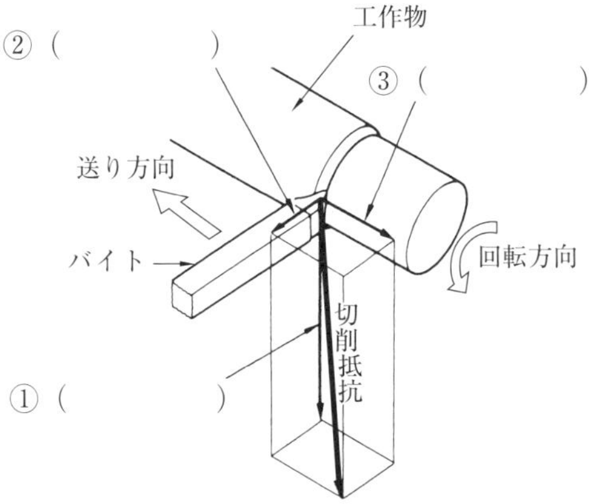

(1) 工作物を切削する力に抵抗して切削工具に反力が生じる。この反力を（**1**　　　　　　）という。この大きさは，切削に必要な（**2**　　　　　）を決める要素であるが，切削工具の（**3**　　　　　）や（**4**　　　　　）によっても変化する。

(2) 切削時の発熱量は（**5**　　　　　）の大きさに比例する。（**6**　　　　　　）は工作物やバイトを（**7**　　　　　）させる力となり，この力が大きいと（**8**　　　　　　）を低下させる原因となる。

10 切削抵抗を変化させる要素 次の文は切削抵抗の大きさに影響する条件を示している。( )内に適当な語句を記入して完成させよ。

(1) 切削抵抗の大きさは，(1　　　　　　　　) の材質によって変化するが，(2　　　　　　　　) の材質にはほとんど影響されない。

(2) 主分力は，切削工具のすくい角が大きくなると (3　　　　　　　) する。

(3) 主分力は，切削面積が大きくなるほど (4　　　　　　　　) なる。

(4) 主分力は，切削速度が大きくなるほど (5　　　　　　) する傾向にあるが，ある一定以上の高速度になれば，あまり変化しない。

(5) 切削抵抗の 3 分力のうちで，一般に最も大きいものは (6　　　　　　　) である。

5 工作機械の構成と駆動装置 （機械工作2 p. 53～58）

1 工作機械の構成 工作機械の構成要素および駆動装置について，次の文の ( ) 内に適切な語句を記入せよ。

(1) 現在，工作機械の動力としては，ほとんど (1　　　　　　　) が用いられていて，回転運動の場合は，Vベルトや (2　　　　　) によって変速しながら伝達する。

(2) 工作機械の構造体は，機械にいろいろな働きをする部品を取り付ける基礎となるもので，本体または機体ともいわれ，旋盤の場合は (3　　　　　　) がこれにあたり，構造体としては，おもに (4　　　　　　) や鋼板溶接構造が用いられている。

(3) 工作機械の案内面を構造上で分類すると (5　　　　　　　　)，(6　　　　　　　　　)，(7　　　　　　　) に分けられる。

(4) 工作機械の主運動の速度は，(8　　　　　　) 的に変速できることが望ましいが，段階的に変速させるような方式をとっているものがふつうである。

(5) 工作機械の主軸の軸受には，(9　　　　　　) 軸受が多く用いられているが，軸方向と半径方向の力を同時に受ける場合には，(10　　　　　　　) 軸受やアンギュラ玉軸受が用いられることが多い。

(6) 工作機械には，送り運動や位置調整運動をするため，回転運動を直線運動に変える機構には (11　　　　　　　) が多く使われている。このねじは一般的な三角ねじと比べて強度が高い。また，NC 工作機械では (12　　　　　　　) が多く使われている。このねじは高価でねじ本体が大きくなるが，(13　　　　　　　) や摩擦力が小さく，円滑な動力伝達ができる特徴がある。

2 工作機械の駆動装置 次の文は工作機械の駆動装置について述べたものである。(　　) 内に適当な語句・数字を入れて完成させよ。

(1) 切削運動の大きさは広い範囲に渡って (1　　　　　　　　) に変化させることができるものがよいので，AC サーボコントローラによって (2　　　　　　) と (3　　　　　　) を同時に変えて交流電動機の回転速度を変える (4　　　　　　　　　) が NC 工作機械などに用いられている。

しかし，一般的な工作機械は，段階式駆動装置に分類される (5　　　　　　　　　　) を用い，その (6　　　　　) を等比数列的な値にする。たとえば，ある旋盤の最大回転速度が 1800 min^{-1} で各回転速度間における切削速度の降下率を 0.7 としたときは，それより一段階だけ低い回転速度は (7　　　　　) min^{-1}, そこから三段階低い回転速度は約 (8　　　　　) min^{-1} になる。そして最低回転速度が約 50 min^{-1} ならば，この装置は (9　　　　　) 段階に変速できるということになる。

第7章 砥粒加工

1 砥粒加工の分類 （機械工作2 p.62）

1 砥粒加工のあらまし 次の文は砥粒加工のあらましについて述べたものである。（ ）内に適当な語句を記入して完成させよ。

(1) 木工加工用のかんなや調理用の包丁などの最終仕上げには，希少な天然の鉱物から切り出した砥石を用いることもあるが，今では，（1　　　　　　　）初頭に発明された（2　　　　　　　）を固めてつくった砥石を用いるのが一般的である。

(2) 砥粒を用いた工作法を（3　　　　　　　）といい，結合剤で固めた砥粒を用いる（4　　　　　　　）と，結合しない砥粒を用いる（5　　　　　　　）に大別される。

(3) 固定砥粒加工には，微小な定寸の切込みを（6　　　　　　　）などに与える加工法の（7　　　　　　　）と，定圧を砥石に与える加工法の（8　　　　　　　）がある。

2 研 削 （機械工作2 p.63～68）

1 研削の概要 次の文は研削の概要について述べたものである。（ ）内に適当な語句を記入して完成させよ。

(1) 研削は，（1　　　　　　　）を高速度で回転させて加工を行う工作法で，広い意味では切削加工の一分野である。すなわち，研削はきわめて硬い物質の粒子である（2　　　　　　）を使い，その角を（3　　　　　　）として加工を行う。そのため砥粒1個あたりの切削量は少ないが，（4　　　　　　）された鋼のようなきわめて硬い工作物の加工に用いられている。また，寸法精度の高い加工ができる。

研削を行う工作機械を（5　　　　　　　）といい，使用目的に応じた各種の工作機械がつくられている。

(2) 工作物の平面を研削するには（6　　　　　　　）が適しており，工作物の取り付けには，磁力を用いて固定する（7　　　　　　）などが用いられている。

(3) 工作物の両端をセンタで支えて外周を研削するには（8　　　　　　）が，工作物を受け板で支えて外周を研削するには（9　　　　　　）が，工作物をチャッキングして内周を研削するには（10　　　　　　）が適している。

(4) 円筒研削の研削方式には，工作物を回転させながら砥石車もしくは工作物を左右に（11　　　　　　）させる方式の（12　　　　　　）と，砥石車で所要の寸法に切り込む方式の（13　　　　　　）がある。

(5) トラバース研削は（14　　　　　　）のよい仕上げ面が得られ，プランジ研削は（15　　　　　　）がよく，研削代が多い場合や工作物に段のある小部品の（16　　　　　　）に適している。

2 **自生作用** 次の図は研削の状態を拡大して示したもので，そこには砥粒が欠けてとんだり，小さな切りくずの発生がみられる。この図を参考にして，自生作用を説明せよ。

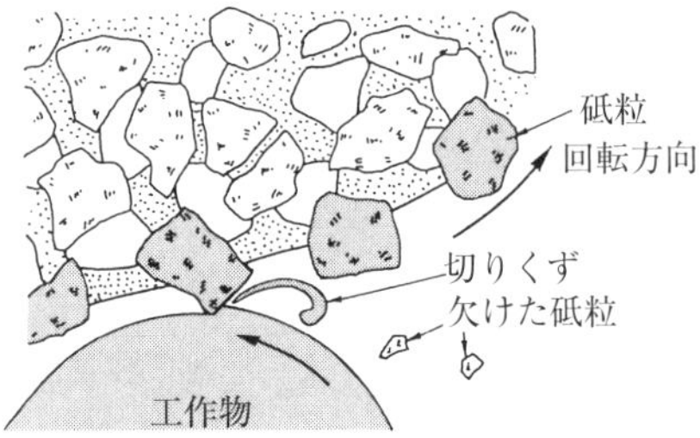

砥粒
回転方向

切りくず
欠けた砥粒

工作物
研削加工の状態

_____

_____

_____

_____

_____

_____

3 **研削条件** 次の文は研削条件について述べたものである。（　　）内に適当な語句・数字を記入して完成させよ。

(1) 砥石車の周速度・切込み・送りなどは，相互に関連しながら（1　　　　　　）に影響を及ぼしている。たとえば，切込みが大きすぎるとびびりが発生したり，砥石の回転が停止したりする。したがって，工作物の（2　　　　　）や研削方法によって，これらの研削条件を適切に決める必要がある。

(2) 砥石車の周速度には，（3　　　　　）のため，砥石車の結合剤や形状などによって（4　　　　　）が決められているので，これを超えないようにする。

(3) ビトリファイド砥石車の推奨周速度範囲は，円筒研削の場合（5　　　　　）m/min から（6　　　　　）m/min である。仮にこの周速度の砥石を地面に置いた場合，時速 102 km/h から 120 km/h で進むことになり，かなりの速さである。

(4) 円筒研削の場合の工作物の周速度は，砥石車の周速度の（7　　　　　）程度とするが，工作物の材質や形状によってかなりの幅がある。

(5) 工作物の軸方向への送り量は，工作物の 1 回転あたり砥石車の幅以下とするが，荒研削では（8　　　　　）程度，仕上げ研削では（9　　　　　）程度とする。

(6) 研削の場合の切込みは（10　　　　　）であり，工作物の材質が鋼の円筒研削や内面研削では，荒研削の場合でも（11　　　　）mm 程度である。仕上げ研削の場合には（12　　　　）mm 以下の場合もある。

(7) 研削加工時に生じる研削熱の影響が工作物に対して大きくなると，工作物の加工面にき裂が生じる（13　　　　　）の原因となるため，それを防止する目的で（14　　　　　）が使われており，研削点の（15　　　　　）ならびに切りくずと砥石の粉砕くずを（16　　　　　）役割がある。

③ **砥石車** （機械工作2　p. 69〜74）

1　砥石車の３要素　次の文と図は砥石車の３要素について示したものである。（　　）内に適当な語句を記入して完成させよ。

砥石車の３要素

①（　　　　）②（　　　　）③（　　　　）

砥石（砥石車）

（工作物）

切りくず

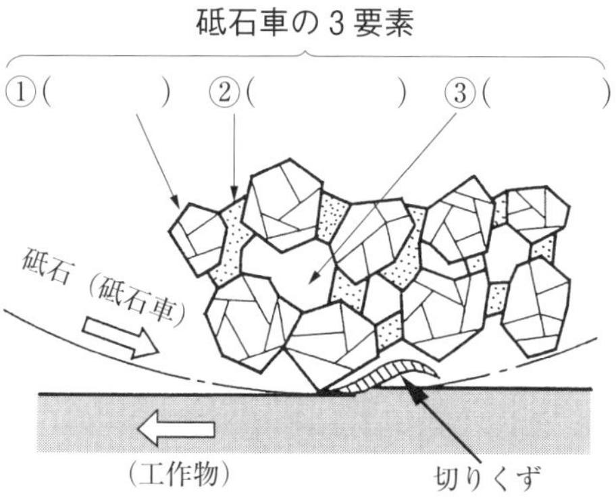

(1)　砥石車は，左の図に示すように３個の要素からできている。（¹　　　　）は角が切れ刃の役目をはたし，（²　　　　）はこの切れ刃を保持している。この両者の間にある（³　　　　）は切りくずの逃げ場となっている。

(2)　砥石車の性能は，砥石車の（⁴　　　　）が混在する割合，（⁵　　　　）や（⁶　　　　）の材質と結合のしかたによって左右される。

2　砥石車の構成と選定　次の文は砥石車の構成と選定について述べたものである。（　　）内に適当な語句・数字を記入して完成させよ。

(1)　研削中に，砥粒が砥石車の性能に影響を与えるのは，砥粒の材質，粒度，（¹　　　　），（²　　　　）の種類と組織である。

(2)　砥石車に使われる砥粒には，超砥粒の（³　　　　）や立方晶窒化ホウ素なども使用されるが，一般には，（⁴　　　　）（Al_2O_3）質と（⁵　　　　）（SiC）質の人造砥粒が多く使用される。

(3)　人造研削材の砥粒の粒度を JIS では３つに大別しており，F4 から F220 のものを（⁶　　　　），F230〜F2000 のものを（⁷　　　　），#240〜#8000 のものを（⁸　　　　）とし，数字が大きくなるにしたがって（⁹　　　　）が小さくなる。砥石車に使用されるものは（¹⁰　　　　）に分類される（¹¹　　　　）くらいのものが最も多く用いられている。

(4)　A〜Z のアルファベットで（¹²　　　　）段階に区分される結合度は，砥石の（¹³　　　　）ともよばれるもので，研削中の砥粒に加わる研削抵抗に対して，砥石が砥粒を保持する（¹⁴　　　　）の度合いを示すもので，ふつうは（¹⁵　　　　）の範囲のものが多く用いられる。

(5)　組織は（¹⁶　　　　）までの数値で表し，砥石車における砥粒の（¹⁷　　　　）を表すものでふつうは（¹⁸　　　　）の範囲のものが多く用いられる。なお，数値の小さなものほど気孔が（¹⁹　　　　）である。

3　砥石車の修正　砥石車の選定が悪いときなどに砥石車に発生する現象名を三つあげよ。また，砥石車のドレッシングやツルーイングに用いる工具名をかけ。

(1)（　　　　）(2)（　　　　）(3)（　　　　）　工具名……（　　　　）

4 いろいろな研削・研磨 （機械工作2　p.75～78）

1　工具研削とホーニング　次の文は工具研削とホーニングについて述べたものである。（　　）内の適当な語句を記入して完成させよ。また，下の図の各部の名称を（　　）に記入せよ。

(1)　切削工具の刃部を研削でつくることを（1　　　　　　　）といい，用途に応じた各種の（2　　　　　　　）が使用される。その種類にはフライス・ホブ・リーマなど各種の工具の研削が可能な（3　　　　　　　），ドリルの切れ刃を研削する（4　　　　　　　），超硬工具をホイールで研削する（5　　　　　　　）などがある。

(2)　ホーニングは，内燃機関の（6　　　　　　　）のように，おもに円筒の（7　　　　　　）を精密に仕上げる加工である。この方法は右の図のように，周辺にいくつかの砥石を取り付けたホーンという回転工具を使用して，砥石に（8　　　　　　）を加えながら工作物との間に回転運動と（9　　　　　　）運動を行わせ，表面を少しずつ削り取る。このように砥石が（10　　　　　　）しながら（11　　　　　　）運動するので，砥粒の運動の軌跡は（12　　　　　　）のすじのようになる。したがって，砥粒に加わる研削抵抗の向きが変化するために，切れ刃の（13　　　　　　）が促進され，そのうえ面接触するので加工能率がよい。

①（　　　　　　）

②（　　　　　　）

③（　　　　　　）

(3)　ホーニングは，前加工が不正確であると正しい形状にするのが困難なため，前加工として（14　　　　　　）や内面研削などの高精度な仕上げを行う。

2　超仕上げとELID研削　次の文は超仕上げとELID研削について述べたものである。（　　）内に適当な語句・数字を記入して完成させよ。

(1)　超仕上げは，ホーニングと同様に，（1　　　　　　）で工作物の表面から微小な切りくずを削り取る加工方法である。ホーニングとの根本的な違いは，砥石の（2　　　　　　）にあり，これは工作物の（3　　　　　　）に与える。このため，切れ刃の（4　　　　　　）が大いに促進される特徴があり，仕上げに要する時間は短い。

(2)　超仕上げを行う工作物は，一般的に前加工として（5　　　　　　）・精密旋削などを行って加工精度を高めておく必要がある。

(3)　粒度#（6　　　　　）以上の微粒ホイールを用いたELID研削では（7　　　　　）の加工が実現できるが，結合剤がメタルであるために砥粒の（8　　　　　　）が期待できない。そのため，（9　　　　　）加工により適時にドレッシングを行う必要がある。

5 遊離砥粒による加工 （機械工作2　p.79〜83）

1　ラッピングとポリシング　次の文はラッピングとポリシングについて述べたものである。下の語群から適切な語句を選んで（　）内に記入して完成させよ。

(1)　ラッピングは，平滑な面を得るのが目的で，(1 　　　　) な部品の平面・円筒面・(2 　　　　) などを加工に用いられ，(3 　　　　) とよばれる定盤と工作物の間に，微粉の (4 　　　　) を入れ，工作物を (5 　　　　) に押し付けて両者に (6 　　　　) させ，砥粒により工作物の表面をごく微量削り取り，(7 　　　　) のよい滑らかな仕上げ面にする。

(2)　ラッピングには (8 　　　　) と (9 　　　　) があり，前者は砥粒とラップ液を混ぜた (10 　　　　) を用い，砥粒がラップ液に包まれるようにして，ラップと工作物の間を (11 　　　　) しながら削り，削り量が (12 　　　　)，仕上げ面は (13 　　　　) になるので荒仕上げに用いる。後者は，砥粒がラップ表面に (14 　　　　) 状態で削るので，鏡面のような仕上げ面をつくるときに行われる。

(3)　ラッピングには，手作業で行う (15 　　　　) と専用ラップ盤を使用する (16 　　　　) がある。

(4)　ラップの代わりに柔軟性を有する (17 　　　　) を用い，それに微細な砥粒を含む液を供給して工作物の表面を滑らかに仕上げるものが (18 　　　　) である。

(5)　ポリシングがラッピングと異なる点は，前加工面の形状に沿って加工ができることから，(19 　　　　) な表面形状をもつ工作物の表面の仕上げ加工に利用される。

【語群】　研磨布　ラップ　マシンラッピング　ハンドラッピング　転動　乾式法　相対運動　埋め込まれた　加工精度　精密　ポリシング　湿式法　砥粒　梨地状　球面　少なく　多く　複雑　簡単　ラップ剤

2　超音波加工　次の文は超音波加工について述べたものである。（　）内に適当な語句を記入して完成させよ。

(1)　超音波加工は，工具と工作物の間に，細かい (1 　　　　) を混ぜた (2 　　　　) を加え，軽い加工圧力を加えた状態で，工具に (3 　　　　) を与えて加工する方法である。

(2)　工具が振動することで加工液の砥粒が加速され工作物に (4 　　　　) する。このように，工作物の表面を微細に (5 　　　　) する作用が超音波加工の原理である。

(3)　超音波加工は，ガラス・(6 　　　　)・宝石類など，(7 　　　　) 材料の穴あけ・切断・形彫りなどに用いられる。

第8章　特殊加工と三次元造形技術

1 特殊加工 （機械工作2　p.86）

1　特殊加工　次の文は特殊加工について述べたものである。（　　）内に適当な語句を記入して完成させよ。

⑴　特殊加工は，おもに電気・(1 _____)・電気化学・化学などのエネルギーや(2 _____)による力学エネルギーを利用して加工を行う。(3 _____)で行われるので，薄板・複雑形状の加工や数μmの精度が必要な(4 _____)などに適している。また，材料の強度や(5 _____)に関係なく加工できる。

⑵　特殊加工に使われるエネルギーは加工部に(6 _____)するため，加工変質層が比較的(7 _____)，内部の組織も変化しないため，機械的強度や(8 _____)の変化が少ない。

2　いろいろな特殊加工　次の表は特殊加工法を加工エネルギー別に分類している。（　　）内に下の語群から適切な語句を選んで記入せよ。

加工現象	加工エネルギー	加工法	
物理的な加工	電気	(1 _____)	(2 _____)
	光	(3 _____)	
	力学	(4 _____)	(5 _____)
化学的な加工	電気化学	(6 _____)	電鋳加工
	化学	(7 _____)	(8 _____)

【語群】　フォトリソグラフィー　　レーザ加工　　電子ビーム加工　　液体ジェット加工
　　　　　電解加工　　放電加工　　ブラスト加工　　化学研磨

2 熱的な加工 （機械工作2　p.87〜99）

1　放電加工　次の文は放電加工について述べたものである。（　　）内に適当な語句を記入して完成させよ。

⑴　放電加工は，(1 _____)を利用した加工法である。加工液中で工作物と(2 _____)をわずかなすきまで向かい合わせ，そこにパルス状に(3 _____)を加えて，アーク放電を生じさせる。このとき発生する(4 _____)で工作物が溶融・蒸発して加工が進行する。(5 _____)で熱的な加工のため，加工時に工具電極や(6 _____)に働く力が非常に(7 _____)，工作物の機械的強度や(8 _____)によらず加工ができる。

(2) 放電加工には, 工具電極の形状を工作物に転写する場合などに用いられる
(9) や, 黄銅やモリブデンでできたワイヤを電極として用いる
(10) がある。これらの加工を行う加工機は (11) によ
り駆動され, (12) に用いられている。

(3) 形彫り放電加工では, 工具電極に加工が (13) な材料を用いる。また, 切削加工
では困難な, 鋭い縁をもった複雑形状の加工が高精度で行え, (14) に向いて
いることが利点である。欠点としては, (15) が切削加工に比べて低く, 工具
電極が消耗することや, 加工面に (16) とよばれる極めて硬く, 微小クラ
ックなどの構造的欠陥をもつ層が形成されることなどがあげられる。

(4) ワイヤ放電加工は, ワイヤ電極と工作物間に (17) を発生させて, 糸のこ
で加工するように (18) を切り出す加工方法である。この加工は, IC のリードフ
レームのプレス型や押出しダイスなどの製作に利用されている。ワイヤ放電加工機の多くは,
ワイヤをガイドに通し直す (19) をもっている。これにより, 複数の穴形
状の (20) な加工や, 夜間や (21) された工場においても加工する
ことができる。

2 **レーザ加工** 次の文はレーザ加工について述べたものである。( ) 内に適当な語句を記入
して完成させよ。

(1) レーザ光は, 波長と (1) が揃った光で, レンズで集光すれば
(2) を大きくすることができる。このレーザ光を用いて, 工作物を加熱・
溶融・(3) させる加工をレーザ加工という。レーザ光のエネルギー密度は, パワー
密度 × (4) となるが, 小さいパワー密度で長時間照射させると, ゆっくり加
熱と冷却が行われ, (5) や (6) などに利用できる。一方, 大きなパ
ワー密度で短時間照射させると, 熱伝導する前に表面のみが加熱され, (7) や
(8) が起こる。

(2) レーザ加工は, (9) を適切に設定すれば, ダイヤモンドのような硬い材料で
も容易に加工できる。また, 切削加工のような (10) がない。

(3) レーザ加工で行えるおもな加工例には, 次のようなものがあげられる。

・熱による加工変質層が少なく高速で行うことができる (11)。

・電子機器に使われる多層プリント基板の数万個の穴をあけることができる
(12)。

・短時間で深い溶込みが得られ, 工作物の熱による影響や変形が少なく高速で行うことがで
きる (13)。

・電子部品などの表面を変質や, 溶融, 蒸発, 発泡させることでロゴや製造番号などを微小
に印字する (14) などの微細加工。

・鋼材をレーザ光で加熱して照射を止めることで,（15　　　　　　　　　）により, 表面の焼
　入れができる表面処理。

⑷　レーザ光は, レーザ共振器によって（16　　　　　　　　）につくられる光である。自然光がプ
リズムを通ると複数の光に分けられるのに対し, レーザ光は波長が揃っているので
（17　　　　　　）となる。また, レーザ光は,（18　　　　　　　　　）にすぐれ, 位相も揃ってい
る。このような光を（19　　　　　　　　　）光といい,（20　　　　　　　　　）が高いので, 合
成することにより強い光を得られる。

⑸　レーザの発振形式には, 出力が時間的に一定な（21　　　　　　　　　）と, 発振・停止を繰り
返す（22　　　　　　　　）がある。連続発振では, 加熱作用を利用して（23　　　　　　　）に
加工ができる。これに対し, パルス発振では, 短い時間幅の中にエネルギーを集中させること
ができるため, 高い（24　　　　　　　　）を得ることができる。また, 連続発振と比べて高
速な加工はできないが, 発振時間が周期に対して短いため熱ひずみを嫌う
（25　　　　　　　　）に適用されている。

⑹　光を増幅できる物質を（26　　　　　　　　　）という。レーザの名称はおもにレーザ媒質に
よるもので, CO_2 レーザでは（27　　　　　　　）が, YAG レーザでは（28　　　　　　　　　）
がレーザ媒質である。このレーザ媒質を 2 枚の反射鏡の間にはさみこみ, レーザ媒質を何度も
通過させて（29　　　　　　）し, 取り出したものがレーザ光である。レーザの種類には, CO_2
レーザやエキシマレーザなどの（30　　　　　　　　　）, ガリウム化合物などの半導体を組み
合わせた（31　　　　　　　　　　）, YAG レーザやファイバーレーザなどの
（32　　　　　　　）がある。

3　電子ビーム加工　次の文は電子ビーム加工について述べたものである。下図を参考にして,
（　　　）内に適当な語句を記入して完成させよ。

⑴　高速に加速した電子の流れを工作物表面に照射すると, 電子のもつ
（1　　　　　　　　　　）が（2　　　　　　　　　　）に変換されて加熱される。その現象を
利用する加工法が電子ビーム加工である。（3　　　　　　　）から放出された電子は, レンズで
工作物表面に（4　　　　　　）され, 偏向用コイルで工作物表面上を（5　　　　　　）される。
電子ビームは空気などに当たると, 速度が減衰し, エネルギーが（6　　　　　　　）するので,
加工は（7　　　　　　）で行われる。

⑵　電子ビームは, 強さや照射時間を調整しやすいだけでなく, レーザ光よりも
（8　　　　　　　　　　）（1 μm 以下）に収束させることも可能であり, さまざまな加工を行
うことができる。電子ビーム加工のエネルギー密度は, ほかの熱源と比較して
（9　　　　　　　　）ので, 電子ビーム溶接では溶込みが（10　　　　　　　　）, ビード幅の
（11　　　　　　）溶接部が得られ, 熱によるひずみも（12　　　　　　　　）ため, 極薄肉部品の
精密溶接や, タングステンなどの（13　　　　　　　　　）の溶接にも適する。

(3) 電子ビームを工作物の表面に照射すると，瞬間的に加熱され，照射を停止すると
（¹⁴　　　　　）が起こる。この電子ビームを微小な凹凸のある工作物表面に照射すると，
ごく表層が（¹⁵　　　　　）と（¹⁶　　　　　）を繰り返して表面張力が働き，平滑にならし，
通常の研磨を行うことなく（¹⁷　　　　　　　　）ができる。また，狭い領域で
（¹⁸　　　　　）状態の薄い硬化層ができる。

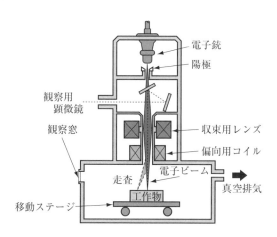

3 化学的な加工 （機械工作2　p. 100〜106）

1 電解加工　次の文は電解加工について述べたものである。下図を参考にして，（　　）内に適
当な語句を記入して完成させよ。

(1) 工具電極を（¹　　　　　），工作物を（²　　　　　）として，両極間に電流を流すことで
生じる陽極の溶出により，工作物を加工する（³　　　　　　　）な方法が電解加工である。
　加工面には（⁴　　　　　）が生じず，母材組織そのものが得られる。また，工具電
極には，（⁵　　　　　）が小さく，加工が容易な（⁶　　　　　）や黄銅などが使われる。

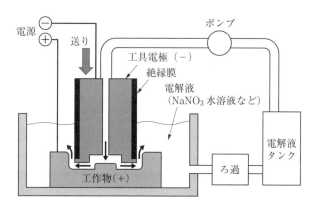

⑵ 電解加工は，硝酸ナトリウム水溶液などの（⁷　　　　　　）で行われ，工作物，工具電極間に適切な（⁸　　　　　　）を保ちながら送り込む。このとき，電解液を工具電極の先端の（⁹　　　　　　）から，高速で流出させる。この電解液の（¹⁰　　　　　　）と，溶出によるスラッジや気泡の（¹¹　　　　　　）により，安定した加工を行うことができる。

⑶ 電解加工では工作物の（¹²　　　　　　）に関係なく加工が行え，ほとんどの金属に対応可能である。超硬合金，チタン合金，ニッケル基超合金，焼入れ鋼などの，機械加工が（¹³　　　　　　）な材料なども容易に加工でき，幅広い分野で用いられている。加工速度は（¹⁴　　　　　　）で制御でき，難切削材に対して機械加工と比べて（¹⁵　　　　　　）で加工ができる。また，加工面は放電加工で行うよりも平滑に仕上がり，（¹⁶　　　　　　）も可能である。

2　化学研磨　次の文は化学研磨について述べたものである。（　　）内に適当な語句を記入して完成させよ。

⑴ 工作物表面の微小な凸部を化学的に（¹　　　　　）して光沢を与え，滑らかな表面を得る加工方法が，化学研磨である。

⑵ 化学研磨では，処理槽に（²　　　　　　）や（³　　　　　　）などの加工液を満たし，所定の温度まで加熱・保持して（⁴　　　　　　）を浸して処理する。形状や大きさを問わず均一な（⁵　　　　　）が行え，工作物表面が（⁶　　　　　　）される。しかし，表面の大きな凹凸は除去できないので，バフ研磨や研削加工で前加工を行い，要求される（⁷　　　　　　　）に仕上げておく必要がある。

3　フォトリソグラフィー　次の文はフォトリソグラフィーについて述べたものである。（　　）内に適当な語句を記入して完成させよ。

樹脂フィルムと金属膜からなる基板上に，感光性樹脂の（¹　　　　　　　　）を塗布し，フォトマスクに（²　　　　　）を当てて回路パターンを（³　　　　　）させる。そして，現像液に浸すと光の当たった部分だけ（⁴　　　　　　　　）が取り除かれ，金属膜上に回路パターンのフォトレジストが残る。この工程をリソグラフィーという。また，（⁵　　　　　　　）液により，フォトレジストにおおわれていない不要な金属部分を溶かし，基板上に回路パターンだけが残される。この方法をエッチングという。

写真技術を応用した（⁶　　　　　　　　）と，腐食を利用した（⁷　　　　　　　）技術の総称をフォトリソグラフィーといい，集積回路をつくる（⁸　　　　　　　）に多く用いられている。

4 力学的な加工 （機械工作2　p. 107〜111）

1 液体ジェット加工　次の文は液体ジェット加工について述べたものである。（　　）内に適当な語句を記入して完成させよ。

(1) ノズルから高圧・高速で噴射された流体の（¹　　　　　　　　）エネルギーを利用する加工法を液体ジェット加工といい，水流を用いた加工を（²　　　　　　　　　　）加工という。流体が工作物に当たったときに発生する（³　　　　　　　）で生じるぜい性破壊を利用して，（⁴　　　　　　）や（⁵　　　　　　　）だけでなく，バリ取り・表面はく離・洗浄など幅広い分野で使用されている。

(2) ウォータジェットを使った切断をウォータジェット切断という。この切断では（⁶　　　　　　）が蓄積されないので，（⁷　　　　　　）・（⁸　　　　　　）の危険性がある作業にも適用できる。また，この加工では局所的に力を加えることができるので，ゴム・紙・プラスチックなど，ほかの加工では扱うことのできない（⁹　　　　　　　）の材料の加工もできる。

(3) ウォータジェット切断の能力を高める方法として，高圧水に（¹⁰　　　　　）を混入させるアブレシブウォータジェット切断がある。この方法ではガラス・セラミックス・コンクリートなどの（¹¹　　　　　　）な材料も切断できる。また，レーザ加工に不向きな，光の反射率の違う材料が組み合わされたCFRPなどの（¹²　　　　　　）や，光の（¹³　　　　　　）の高い金属の加工に用いられている。

2 ブラスト加工　次の文はブラスト加工について述べたものである。（　　）内に適当な語句を記入して完成させよ。

(1) 投射材とよばれる（¹　　　　　　）を工作物表面に叩きつけて，バリや表面の酸化皮膜，錆などを力学的に除去，あるいは素地調整をする方法をブラスト加工といい，めっき（²　　　　　　　）や，表面を梨地・つや消しにし（³　　　　　　）を防止するためにも用いられている。

(2) 圧縮空気を使って，ノズルから噴射されたガラスビーズなどの投射材を，素材表面に叩きつける加工法を（⁴　　　　　　　　　　）もしくは，（⁵　　　　　　　　　）や（⁶　　　　　　　　）といい，これらにより鋳物の砂落としや各種表面研磨，バリ取りなどの加工が行える。一般に，投射材は装置内部で循環させ，異物と分離されて再利用される。

(3) 高速回転する羽根車（インペラ）に（⁷　　　　　　　　　　）などの投射材を送り込み，遠心力により投射する加工法をショットブラストといい，各種表面研磨，バリ取りなどの加工を行う。

(4) 水に粒子状の投射材を加えた混合液（スラリー）を，（⁸　　　　　　）によりノズルから高速で噴射させる加工法を液体ホーニングまたは，（⁹　　　　　　　　　　），（¹⁰　　　　　　　　）といい，噴射されたスラリーは霧状になっており，工作物には（¹¹　　　　　　）が加わらないので，（¹²　　　　　　）工作物も加工することができる。

5 三次元造形技術 （機械工作2 p.112〜118）

1 三次元造形技術の概要 次の文は三次元造形技術について述べたものである。（　）内に適当な語句を記入して完成させよ。

(1) 三次元造形技術は，3D-CAD や CAE 解析，医療用の CT・MRI データから（**1**　　　　）な加工工程なしに，物体（オブジェクト）をつくる技術として誕生した。従来は（**2**　　　　）（プロトタイプ）の製作に使われ，簡単かつ高速で実施できるので（**3**　　　　　　）（RP）とよばれた。そして，応用範囲が広がるにつれ，（**4**　　　　　　　　　）（AM）と呼称されるようになった。

(2) 三次元造形技術によってつくられるオブジェクトは，精度や特性によって，3D‐CAD で設計した形状や意匠の検討に利用される（**5**　　　　　　），鋳造・メッキ・蒸着・溶射などで製品形状を転写するための（**6**　　　　　　），プラスチックや金属で造形し，オブジェクトをそのまま機械部品として使用する（**7**　　　　　）の三つに分類される。

(3) 積層造形法の代表的な手法に，図のような液槽光重合法がある。まず 3D‐CAD の（**8**　　　　　　）から，XY 平面を Z 軸方向に一定間隔で（**9**　　　　）したデータを作成する。次に，このデータを基に XY 平面の形状に（**10**　　　　　）を走査して，光硬化樹脂を（**11**　　　　）していきながら，積層させて三次元形状のオブジェクトを造形していく。これまで加工できなかったオブジェクトの（**12**　　　　　）まで造形が可能で，3D‐CAD データから素早く（**13**　　　　　）に作成可能となった。

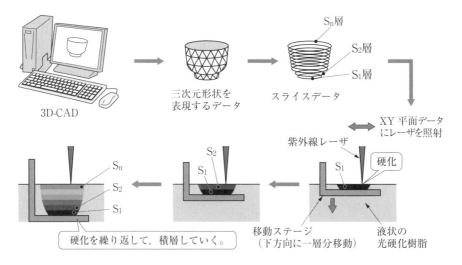

三次元形状を表現するデータ
スライスデータ
S_n層
S_2層
S_1層
XY 平面データにレーザを照射
紫外線レーザ
硬化
3D-CAD
S_1
S_2
S_n
S_2
S_1
硬化を繰り返して，積層していく。
移動ステージ（下方向に一層分移動）
液状の光硬化樹脂

(4) 三次元造形の造形材料として，最初は（**14**　　　　）が主であった。研究の進展によって，用途が広がり，銅やニッケル合金などの金属も使用されるようになった。また，その供給時の形状も（**15**　　　　），（**16**　　　　），（**17**　　　　　）など多様である。

2 アディティブマニュファクチャリング（AM）の分類 次の文はアディティブマニュファクチャリング（AM）について述べたものである。（　）内に適当な加工方式を下記語群から選べ。

(1) 紫外線で液状の光硬化樹脂を感光し，硬化させ，積層する。RP の代表的な方法であり，試作品製作で多く使われる。 (1 　　　　　　　　　)

(2) 溶融させた樹脂材料をノズルから押し出して積層する。安価であり，ホビー用 3D プリンタとしても普及している。 (2 　　　　　　　　　)

(3) 銅，ニッケル合金などの金属粉末をレーザ，電子ビームなどにより焼結，溶融させ積層する。ジェットエンジン部品製造などの分野で普及している。 (3 　　　　　　　　　)

(4) 接着可能な粉末の造形材料に接着剤をインクジェットプリンタのように吹き付け，積層する。安価であり，カラー化も容易である。 (4 　　　　　　　　　)

(5) 供給した金属材料をレーザなどの熱エネルギーにより溶融・結合させ積層する。異種金属の接合が可能である。生産現場に普及する可能性がある。 (5 　　　　　　　　　)

(6) 金属などを混入させた造形材料をインクジェットプリンタのように吹き付け，積層する。複数材料の積層造形が可能である。 (6 　　　　　　　　　)

(7) 紙，プラスチックシート，金属箔などをレーザ切断し，接着剤塗布や超音波で接合しながら積層する。比較的安価に大きな造形物をつくることができる。 (7 　　　　　　　　　)

> 【語群】 指向性エネルギー堆積法　　結合剤噴射法　　シート積層法　　液槽光重合法
> 　　　　 材料押出法　　粉末床溶融結合法　　材料噴射法

3 三次元造形技術の課題 次の文は三次元造形技術の課題について述べたものである。（　）内に適当な語句を記入して完成させよ。

(1) 機能モデルを造形する方法が限られ，精度が要求される場合には，後加工として
(1 　　　　　　　) や (2 　　　　　　　) が必要となる。

(2) 加工時間が (3 　　　　　　)，かつ (4 　　　　　) が保証された金属微粉末などの材料を使用しなければならず，製造コストが非常に (5 　　　　　　)。

(3) 積層造形のため，オブジェクトの (6 　　　　　　　　) での機械的強度に関して，不安が解消されていない。

第9章　表面処理

1　めっき　(機械工作2　p.120〜127)

1　種類と特徴　次の文の（　　）内に，下の語群から適切な語句を選んで記入せよ。

(1)　直流電流によって，浴中の（1　　　　　　　　）を工作物の表面に還元・（2　　　　　　）させて比較的薄い金属皮膜を生成する方法を（3　　　　　　　　）という。

(2)　金属はもとよりプラスチックなどの工作物表面に，溶液中の（4　　　　　　　　）を化学的に還元・析出させて，滑らかで（5　　　　　　）な厚さの皮膜を生成する方法を（6　　　　　　　　）という。

(3)　工作物を浴中に浸漬し，その表面に亜鉛やアルミニウムなど（7　　　　　　）の低い金属を付着させたのち，引き上げてこれを（8　　　　　　）させ，比較的（9　　　　　　）皮膜を生成する方法を（10　　　　　　　　）という。

(4)　真空中で金属を加熱して（11　　　　　　）させ，金属やガラスあるいは（12　　　　　　　　）などの表面に極めて薄い皮膜を生成する方法を（13　　　　　　　　）法という。

(5)　蒸発させた被覆材を（14　　　　　　）化し，帯電させた素材表面に堆積させて，薄い皮膜を生成する方法を（15　　　　　　　　　）法という。

(6)　皮膜物質を含んだガスを素材上に供給し，加熱・プラズマ・光などにより（16　　　　　　　　　）を与え，化学反応により薄膜を生成する方法を（17　　　　　　　　）という。

(7)　(18　　　　　　　　)は，拡散めっきともよばれ，工作物の表面にクロムやアルミニウムなどを拡散・（19　　　　　　）させて耐熱性・（20　　　　　　　　）などの向上をはかる処理で，溶融塩中に浸漬する（21　　　　　　　　）や粉末金属を用いる粉末パック法などがある。

【語群】	イオン　　イオンプレーティング　　化学的　　厚い　　薄い　　均一　　耐食性
	金属イオン　　蒸発　　真空蒸着　　浸透　　熱エネルギー　　析出　　融点
	電気めっき　　プラスチック　　粉末パック　　無電解めっき　　化学蒸着法
	溶融塩浴法　　溶融めっき　　拡散浸透処理　　凝固

■**豆知識**■

プラスチックへの電気めっき

プラスチックは不導体であるため，無電解めっきを施してから電気めっきを施す。 無電解めっき皮膜の密着性を改善する方法として，工作物をめっき皮膜で包み込んでしまう**カプセル方式**，および前処理によって工作物の表面にたこ壺状の小さな穴を無数にあけ，この穴に無電解めっき皮膜がアンカを下ろした状態とし，強い密着力を持たせた**アンカ方式**がある。後者はエッチングにより穴をあけるので ABS 樹脂やポリプロピレンなど一部のめっき用樹脂に限定される。

2　電気めっきの原理　次の文の（　　）内に，下の語群から適切な語句を選んで記入せよ。

(1) めっき装置は浴を蓄える（**1**　　　　　　），マイナスの電流を通じる（**2**　　　　），また自らが溶出して浴に金属イオンを供給する（**3**　　　　　），さらに（**4**　　　　）電流を供給する電源装置などからなる。

(2) 銅めっき浴には形成した皮膜に光沢を与える（**5**　　　　）剤や，皮膜厚さを均一にする目的で（**6**　　　）剤などの（**7**　　　　）剤を溶かした硫酸銅溶液を用いる。

(3) プラスチックで作られた工作物に対する電気めっきは，さきに（**8**　　　　　）めっきを施したのちに行う。この場合，まず，めっき膜をはがれにくくするためにエッチングでプラスチック表面に凹凸をつけておき，次に，無電解めっきでは銅やニッケルなどの（**9**　　　　　）があるめっき膜をつける。これにより，ニッケルなどの電気めっきが可能となる。

【語群】	陰極	陽極	光沢	交流	添加	導電性	平滑	無電解	電圧
	めっき槽	直流							

3　気相めっきの方法と特徴　下線部分について正しいものには○印，誤っているものには正しい語句を（　　）内に記入せよ。

(1) 真空蒸着法は，物理蒸着法（PVD）（**1**　　　　　　　）の一種で，真空中で被覆物質の金属を高周波加熱・抵抗加熱などで加熱して溶融（**2**　　　　）させ，素材表面に皮膜を生成する方法で，金属やガラス・プラスチックなどの蒸着が可能である。

(2) スパッタリング法は，空気中（**3**　　　　　）で素材と陰極の間に数 kV の電圧を与え，アルゴンのイオン（**4**　　　　）を被覆物質にぶつけて，はね飛ばされた被覆物質の原子で，陽極の近くの素材に薄膜を生成させる方法である。

(3) CVD（**5**　　　　　）に分類されるイオンプレーティングは，アーク（**6**　　　　　）で加熱して蒸発させた窒化物などの化合物をイオン化し，負（**7**　　　　）に帯電した素材に引き寄せられて薄膜をつくるので，液相めっきでは難しい，丈夫な（**8**　　　　　）セラミックスの薄膜をつくることができる。

(4) chemical vapor deposition とよばれる化学蒸着法（**9**　　　　　　　）は，皮膜物質を含んだガスを素材上に供給し，加熱・プラズマ・光などにより運動エネルギー（**10**　　　　　　　）を与え，化学反応により薄膜を生成する方法である。皮膜は密着力が弱い（**11**　　　　）ので，コーテッド工具のセラミックス薄膜や，IC の製造工程で基板上にシリコン薄膜をつくるのに使われている。

❷ 化成処理と陽極酸化処理 （機械工作2 p.128〜131）

1 特徴と種類 次の文の（ ）内に，下の語群から適切な語句を選んで記入せよ。

(1) 亜鉛や鉄鋼材料をリン酸塩溶液中に浸漬させるか，または溶液を（¹　　　　　　）て（²　　　　　　）のリン酸皮膜をつくる処理を（³　　　　　）処理といい，表面が凹凸しているため，塗料ののりがよく，自動車などの鋼板の（⁴　　　　　　）として用いられる。

(2) 亜鉛めっき鋼板の（⁵　　　　　　）を向上する目的で，六価クロムを主成分とする処理液中に亜鉛めっき素材を浸漬して乾燥させることで，表面に六価クロムと少量の亜鉛などを含有させる化成処理をクロメート処理という。

(3) アルミニウムなどの工作物の表面に（⁶　　　　　　）に酸化皮膜を生成させて，耐食性を向上させるものが陽極酸化処理であり，アルミニウムの場合は（⁷　　　　　　）ともよばれる。希硫酸やシュウ酸などの処理液中で，アルミニウム素材を（⁸　　　　　）として電解する。このときアルミニウム素材の表面が発生した酸素と化合して（⁹　　　　　　　　）の皮膜が生成される。これを陽極酸化皮膜という。

> 【語群】 アルミニウム　　ステンレス鋼　　酸化　　還元　　人工的　　アルマイト処理
> 浸漬　　クロム酸　　耐食性　　不溶性　　陽極　　陰極　　酸化アルミニウム
> 陽極酸化　　リン酸塩　　塗装下地　　吹き付け

2 装置の構成 下の図を見て，（ ）内にはアルマイト処理装置を，〔 〕内には銅めっき装置を構成する機器などの名称を入れよ。

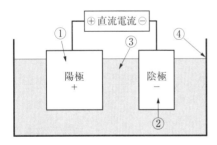

	アルマイト処理装置	銅めっき装置
① （¹ ）	〔⁵ 〕
② （² ）	〔⁶ 〕
③ （³ ）	〔⁷ 〕
④ （⁴ ）	〔⁸ 〕

> 【語群】 硫酸銅溶液　　アルミニウム素材　　銅板　　電解槽　　めっき槽　　カーボン板
> 希硫酸液　　鋼板

❸ いろいろな皮膜処理 （機械工作2　p.132～139）

1　種類　次の文の（　　）内に，下の語群から適切な語句を選んで記入せよ。

⑴　金属や合金などを（1　　　　　　　）状態にして工作物表面に吹き付け，耐食性や
（2　　　　　　　）に富んだ皮膜を形成する処理法を（3　　　　　　　）という。

⑵　金属でできた工作物の表面を，溶射・塗布・はり合わせや，有機溶剤が不要な
（4　　　　　　　）などにより，プラスチックの厚い皮膜で覆う処理を
（5　　　　　　　　　　）という。

⑶　気相めっきや（6　　　　　　　）あるいは溶射などによりセラミック皮膜をつくる方法を
（7　　　　　　　）という。

⑷　水性塗料を入れた浸漬槽内に，（8　　　　　　　）に接続した製品を入れて（9　　　　　　　）
電流を流して塗膜を形成する方法を（10　　　　　　　）という。

⑸　薄いアルミ板などの版に（11　　　　　　　）を乗せたあと，ブランケットを介して製品表面
に印刷する方法を（12　　　　　　　）という。

> 【語群】　インク　　耐熱性　　金属印刷　　交流　　直流　　シートライニング　　溶融
> セラミックコーティング　　電着塗装　　静電塗装　　流動浸漬法　　焼付け法
> マイナス　　プラスチックライニング　　粉末焼付け法　　プラス　　溶射

2　特徴　次の文の（　　）内に，下の語群から適切な語句を選んで記入せよ。

⑴　溶射には，アセチレンなどの可燃性ガスと酸素による燃焼炎を用いて行う
（1　　　　　　　），アークやプラズマなどの高温の熱源を用いて行う
（2　　　　　　　）などがある。

⑵　（3　　　　　　　）は金属材料の表面を厚い皮膜で覆うことができ，酸やア
ルカリなどによる腐食の防止と，流体が金属イオンで汚染されることを防ぐ
（4　　　　　　　）が得られる。

⑶　（5　　　　　　　）は，金属材料の表面に耐熱性・（6　　　　　　　）・断熱
性にすぐれたセラミックスの皮膜を形成できる。

⑷　（7　　　　　　　）は工作物の表面に生じた（8　　　　　　　）を利用して塗料を工作物に吸
着させ，大気中で塗膜を形成する処理法である。

⑸　電着塗装は塗着効率が高いだけでなく，付着力が強く，狭いすきま内部も塗装できるので，
（9　　　　　　　）が大きい。そのため自動車ボデーの下塗りの塗装に用いられている。

> 【語群】　耐酸化性　　耐薬品性　　耐溶剤性　　静電気　　陽極　　静電塗装　　電着装置
> 金属印刷　　印刷　　防食効果　　ガス式溶射　　プラスチックライニング
> セラミックコーティング　　電気式溶射

4 鋼の表面硬化 （機械工作2　p. 140〜147）

1　表面硬化の効果と硬化法の分類　次の文は表面硬化の効果と硬化法の分類について述べたものである。（　　）内に適当な語句を入れて完成させよ。

(1)　表面硬化は鋼の表面だけを硬くして（**1**　　　　　　　　）や（**2**　　　　　　　　）を向上させる一方，内部は衝撃に耐える（**3**　　　　　　　）性質を保つ目的で施す。

(2)　加熱範囲に注目して分類すると，表面硬化させる局部のみを加熱する（**4**　　　　　　　　　）・（**5**　　　　　　　　　　），表面全体を加熱する（**6**　　　　　　　　）・（**7**　　　　　　　），全体を加熱する（**8**　　　　　　）・（**9**　　　　　）の三種になる。

　　なお，（**10**　　　　　　　　　　）は加熱を伴わない硬化法である。

(3)　表面硬化の原理に注目すると，（**11**　　　　　　　　　　）・（**12**　　　　　　　　　）・（**13**　　　　　　　）・（**14**　　　　　　　　）・（**15**　　　　　　）のように硬い焼入れ組織によるものと，（**16**　　　　　）のように硬い窒化物の生成によるもの，および（**17**　　　　　　　　　　）のように加工硬化によるものの三種に分類できる。なお，（**18**　　　　　　　　　　）は真空中で施さなければならないが，その他の硬化法は大気中での処理が可能である。

2　種類　次の文の（　　）内に，下の語群から適切な語句を選んで記入せよ。

(1)　鋼でつくられた製品を酸素アセチレン炎で加熱し，その表面温度が（**1**　　　　　　）温度に達したら加熱をやめ，（**2**　　　　　　）して表面を硬化する方法を（**3**　　　　　　）という。

(2)　高周波電流を流した（**4**　　　　　）で工作物の（**5**　　　　　　）を加熱したのち，急冷して焼入れする方法を（**6**　　　　　　　　）という。

(3)　製品の局部を加熱したのち，外部から冷却することなしに（**7**　　　　　　　）作用による急冷を利用して表面硬化を行う方法のうち，（**8**　　　　　　　　）焼入れは真空中で処理しなくてはならないが，（**9**　　　　　）焼入れは大気中で行うことができる。

(4)　低炭素の鋼でつくられた製品の表層部に（**10**　　　　　　）をしみ込ませたのち，それを焼入れ・焼戻しして表面を硬化する方法を（**11**　　　　　　）という。

(5)　鋼でつくられた製品を，高温のアンモニアガス中に置いて加熱して（**12**　　　　　　）と鉄を化合させて表面を硬化させる方法を（**13**　　　　　）という。

(6)　鋼のマルテンサイト変態を利用することなく，ショットを工作物の表面に強く投射して，（**14**　　　　　　　　）を利用して表面を硬くする方法を（**15**　　　　　　　　　　）という。

【語群】　加工硬化　　急冷　　コイル　　高周波焼入れ　　自己冷却　　電子ビーム　　窒素
　　　　　ショットピーニング　　浸炭　　炭素　　焼入れ　　窒化　　表面　　炎焼入れ
　　　　　レーザ　　軟鋼

3　特徴　下線部分について正しいものには◯印，誤っているものには正しい語句を（　　）内に記入せよ。

(1)　<u>炎焼入れ</u>（¹　　　　　　）は，トーチなど手軽な器具や簡便な設備でも行うことができるが，加熱温度を正確に制御するのは難しく，均一な硬化層を得るには熟練を要する。

(2)　<u>高周波焼入れ</u>（²　　　　　　）は，コイルの形状をくふうすることで，複雑な形状の工作物の加熱が可能である。そのため，<u>品質むらが多く</u>（³　　　　　　），<u>大量生産は不可能</u>である（⁴　　　　　　）。

(3)　<u>レーザ焼入れ</u>（⁵　　　　　　）は，真空中で局部加熱と自己冷却を利用して表面を硬化させる表面硬化法で，<u>鏡</u>（⁶　　　　　　）を利用してビームを曲げることができるので，局面や球面などの複雑な形状の製品の処理も可能である。

(4)　<u>レーザ焼入れ</u>（⁷　　　　　　）は，大気中での処理ができるので，<u>電子ビーム焼入れ</u>（⁸　　　　　　）にくらべて比較的大形部品の処理ができる。

(5)　浸炭は，その製品の<u>一部</u>（⁹　　　　　　）を加熱したのち，急冷して焼入れを行うが，<u>高炭素の鋼</u>（¹⁰　　　　　　）を対象としているので，内部は<u>高炭素</u>（¹¹　　　　　　）なので硬化せず，表面だけが硬くなる。

(6)　窒化は<u>マルテンサイト変態を利用した</u>（¹²　　　　　　）表面硬化法で，製品を<u>短時間</u>（¹³　　　　　　）加熱するが，その温度は焼入れ温度よりはるかに<u>高い</u>（¹⁴　　　　　　）。したがって，製品の<u>変形が少ない</u>（¹⁵　　　　　　）。

(7)　<u>ショットピーニング</u>（¹⁶　　　　　　）は焼入れや窒化物層生成をともなうことなく，製品を<u>加熱して</u>（¹⁷　　　　　　）表面を硬化する方法で，その表面は細かな凹凸をともなう梨地模様となる。

■**豆知識**■

表面硬化の効果

表面硬化によって表面層は耐摩耗性にすぐれ，中心部は靱性にすぐれた炭素鋼が得られる。また，**炎焼入れや高周波焼入れ**，あるいは**電子ビーム焼入れなどの加熱時間が短い焼入れ法**では，次のような特徴もある。

・結晶粒が粗大化しないため，強さや疲れ強さも大きくなる。

・脱炭や酸化が少ないことから，肌はきれいな状態が保たれる。

・変形が少ないため，仕上げ代を小さくすることができる。

・冷却速度が速いため，機械構造用炭素鋼鋼材など比較的安価な焼入れ性の悪い材料が使用できる。

・部分的な焼入れが可能であるが，部分的であるため，過熱や加熱不足が生じやすく，複雑な形状のものについては深い経験と高い技術が必要となる。

第10章　生産計画・管理と生産の効率化

1 生産計画と管理 （機械工作2　p. 150〜161）

1　生産計画と管理のあらまし　次の文は生産計画と管理の基本について述べたものである。（　　）内に適当な語句を記入して完成させよ。

⑴　製品の種類・数量・（1　　　　　）・（2　　　　　）・（3　　　　　）・生産地などについて経済的で合理的な予定を立てることを（4　　　　　）といい，それを実現させるために不可欠なのが（5　　　　）活動である。

⑵　製品計画で設定した（6　　　　　）の製品を，生産計画で設定した（7　　　　　）までに，必要な数量だけ，企画した（8　　　　　）で生産するために，生産活動全体を管理することを（9　　　　　）といい，そのためには計画（Plan），（10　　　　　）（11　　　　　），（12　　　　　）（13　　　　　），（14　　　　　）（15　　　　　）の四つからなる（16　　　　　）サイクルをしっかり回していくことがたいせつである。

　また，人（17　　　　　），（18　　　　　）（19　　　　　），資材（20　　　　　），方法（21　　　　　），資金（22　　　　　），すなわち（23　　　　　）の活用も不可欠である。

⑶　製品の要求性能や信頼性などを技術的に表現する（24　　　　　）に対して，（25　　　　　）では工作技術やコストなどを満たすこと，製品使用後の（26　　　　　）が容易になるように環境に配慮することを重点に進める。このさい，（27　　　　　）や企業内で標準化された部品や材料から選ぶようにし，また標準化は製品や部品だけでなく，（28　　　　　），強度や性能などの（29　　　　　）にまで及んでいる。

⑷　生産形態には，見込生産に対する（30　　　　　）生産，多品種生産に対する（31　　　　　）生産などがあり，見込生産では（32　　　　　）生産になる場合が多い。

2　製品企画　見込生産における製品仕様の検討事項を六つ記せ。

⑴ _____

⑵ _____

⑶ _____

⑷ _____

⑸ _____

⑹ _____

3　市場研究　次の文は市場研究の四つの方法を説明したものである。（　　）内に適当な語句を記入して完成させよ。

⑴　社内や官公庁・学会・各種事業団体などの発表する（**1**　　　　）を分析する。

⑵　アンケートなどで（**2**　　　　　　　　）の動向を知る。

⑶　製品を試験的に（**3**　　　　）して反応をみる。

⑷　（**4**　　　　）を活用する。

4　製品設計　次の表は製品設計を行ううえでの留意事項を示したものである。（　　）内に適当な語句を記入せよ。

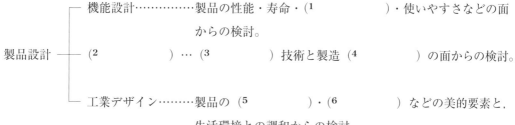

5　生産方式　次の表の（　　）に適切な語句を入れよ。

生産方式名	生産方式の内容	具体的な製品名（二つ）
個別生産	（**2**　　　　　　　　　　　　　　　　　　）	（**4**　　　　　　） （**5**　　　　　　）
（**1**　　　　）	同一製品または部品を適当な数量ずつにまとめて生産する。	（**6**　　　　　　） （**7**　　　　　　）
連続生産	（**3**　　　　　　　　　　　　　　　　　　）	（**8**　　　　　　） ボールベアリング

■豆知識■

コルトの拳銃と互換式生産方式

1835年頃，アメリカ人のサミエル・コルトは，1発ずつ弾をこめる拳銃を改良して連発式の銃をつくった。このときコルトは，部品の寸法公差を決め，同じ部品であれば，どの部品でも合うように互換式生産方式を取り入れた。また，それまでの工場と異なり，専用の工作機械・工具およびジグを用いることで，半熟練工でも精度のよい加工ができ，生産性も向上させた。このため，市場には安価でよい製品が大量に出るようになった。

タイタニック号と鋼板

1912年4月，当時の最先端技術を用いて建造されたイギリスの豪華客船「タイタニック号」（総t数4万6328t）は，イギリスからアメリカへの処女航海の途中で，氷山と衝突して北大西洋のニューファウンドランド沖合で沈没した。この海難事故を契機に，各国は船舶の安全法や造船の強度基準などを定めて，船の安全確保に力をそそぐようになった。

最近になり，海底約4000mに沈むタイタニック号を調査した結果，船の鋼板のもろさが沈没につながったのではないかと言われている。当時における最先端の技術が用いられてはいたが，もし，現在の高張力鋼板を使用していたならば，簡単には沈まなかったかもしれない。このように，技術者の努力による技術の発展は，事故や公害の防止に役立つのである。

6　工程管理のあらまし　次の文は工程管理とその目的を述べたものである。（　　　）内に適当な語句を記入して完成させよ。

⑴　顧客からの（1　　　　　　　）や市場調査による（2　　　　　　　　）に基づいて，工場での製造工程を（3　　　　　　）・（4　　　　　　　）に運営し，計画どおりに所定数量の製品を（5　　　　）よくつくるために行われる管理活動を工程管理という。

⑵　工程管理では，（6　　　　　　　）と（7　　　　　　　）の能力を調べて，運用効率が高まるように必要な機械や人員を配置し，また，工程の流れをよくし，円滑に生産を行うには，材料や必要な（8　　　　　）・部品もとどこおりなく供給することがたいせつである。

7　工程計画　次の文は工程計画について述べたものである。（　　　）内に適当な語句を記入して完成させよ。

⑴　工程計画には，個々の製品の（1　　　　　　　　）を計画する（2　　　　　　　　）と，製品の製作に適した（3　　　　　　）や（4　　　　　　　）の配置などを計画する（5　　　　　　）がある。

⑵　製品の製造では，工場の（6　　　　　　）や（7　　　　　　　）などを考え，最も経済的で合理的な（8　　　　　　）と（9　　　　　　　）を決めなければならない。

⑶　受注生産の場合には，製品や部品が（10　　　　　　　　）になり，工程計画が複雑になる。そのため，工場全体の機械や人員をできるだけ（11　　　　　　　）ようにすることや，（12　　　　　　　）を用いて工場の稼働率を高めることも必要である。

8　日程計画　次の文は日程計画について述べたものである。（　　　）内に適当な語句を記入して完成させよ。

日程計画において，多くの作業の（1　　　　　　　）を表す手段として，ガントチャートが用いられる。ガントチャートでは横軸に（2　　　　　　　）がとられ，各作業の開始から終了までを線で表す。線の左端が作業の（3　　　　　　　）を，長さがその作業に（4　　　　　　）を表している。

9　作業の標準化　次の文は作業の標準化について述べたものである。（　　　）内に適当な語句を記入して完成させよ。

工程計画どおりに生産を進めるには，作業方法が（1　　　　　　）されていることがたいせつである。それをするには，（2　　　　　），（3　　　　　　）・（4　　　　　）などの作業条件の標準化とともに，作業者の動作や（5　　　　　　）の標準化が必要である。

10　作業研究　次の文は作業研究について述べたものである。（　　）内に適当な語句を記入して完成させよ。

⑴　ある工程におけるすべての（1　　　　　　　　　）を調査，分析し，そのなかから不必要な作業動作を取り除き，必要な動作を改良し，能率よくできる標準的な（2　　　　　　　　）を導き出す研究を動作研究という。

⑵　材料から製品をつくる過程を工程ごとに分析（(3　　　　　　　　)）し，物の流れを中心にして，作業の内容を全体的に分析し，研究することを（4　　　　　　　）という。また，分析しやすく，結果をみやすくするために，(5　　　　　)図記号を使う。

11　生産統制　次の文は生産統制について述べたものである。（　　）内に適当な語句を記入して完成させよ。

⑴　生産計画では，製品の納期を基に，前工程の納期をそれぞれ設定する。この（1　　　　　　　）に基づいて，(2　　　　　　)・(3　　　　　　　　　)・原材料調達・購入品外注品調達・製造・(4　　　　　)が行われる。

⑵　日程計画通りに進行しているかを（5　　　　　　　　　）などを使って計画と実績を（6　　　　　　）させ，差異があれば適切な（7　　　　　　）を講じ，日程計画からの遅れを生じさせないようにする。このことを（8　　　　　　）といい，設計・製造・運搬・検査・資材などの関係各部門と密接に（9　　　　　　）をとりながら，速やかな実績値の（10　　　　　）が必要となる。

■**豆知識**■

作業進捗表と製造三角形図

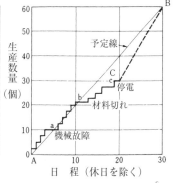

図は，個別の生産工場で使用される作業進捗表の例で，⌈は必要な材料を倉庫から払い出す予定日，⌉は部品完成の予定日を示し，その間の数字は工程番号を示す。なお，この表が作成または点検されたときを∨で示す。⌉は，作業が終わっていることを示している。また，太線の下の「修」は，修繕のための遅れを示す。

❷　生産を支える管理システム　(機械工作2　p.162〜172)

1　購買管理　次の文は購買管理について述べたものである。（　　）内に適当な語句を記入して完成させよ。

　　製品の生産に必要なものをすべて自社で（¹　　　　　）できる企業はなく，原材料，部品などをほかの企業から（²　　　　　）することを購買という。企業がよりよい製品をより（³　　　　　）生産するためには，必要なものを合理的に（⁴　　　　　）する計画を立て，実施し統制する。

2　在庫管理　次の文は在庫管理について述べたものである。（　　）内に適当な語句を記入して完成させよ。

(1)　製造工程を進めるには，原料などの資材をあらかじめ一定量，（¹　　　　　）しておく必要がある。また，製品は，製造途中でも，（²　　　　　）してからでも，製造ラインの故障や受注の増加に備えて，一時（³　　　　　）する。このように資材や製品の流れに停滞が生じることを（⁴　　　　　）といい，的確な管理が必要である。これを在庫管理という。

(2)　資材は，保管上から（⁵　　　　　）と（⁶　　　　　）に大別される。（⁷　　　　　）は，つねに保管し，かつ補充し，要求に応じて（⁸　　　　　）する資材であり，（⁹　　　　　）は，要求があるごとに購入する資材をいう。これらの資材を受け入れて，（¹⁰　　　　　）な保管と必要に応じて出庫する仕事が（¹¹　　　　　）である。

(3)　常備品の購入方法には（¹²　　　　　）や（¹³　　　　　）などがあり，その発注時期や注文量を決めるには，資材の消費量・（¹⁴　　　　　），最小および最大の在庫量，（¹⁵　　　　　）・購入資金・購入経費などを考えなければならない。

3　運搬管理　次の文は運搬管理について述べたものである。（　　）内に適当な語句を記入して完成させよ。

(1)　製品をつくる過程では，いくつもの工程を次々につなぐ手段として運搬が必要である。必要な（¹　　　　　）を，必要な（²　　　　　）に，必要な（³　　　　　）に運搬されているかどうかを管理するのが（⁴　　　　　）の目的である。

(2)　運搬に費やされる（⁵　　　　　）や（⁶　　　　　）は大きいので，運搬の（⁷　　　　　）を減らし，経路を（⁸　　　　　）にし，手数をはぶくなど合理化することが必要であり，（⁹　　　　　）の機械化・自動化，（¹⁰　　　　　）の変更，（¹¹　　　　　）の整備，（¹²　　　　　）の整備，運搬関係者の（¹³　　　　　）・訓練なども運搬管理のたいせつな要素である。

(3)　運搬経路を決めるには，主要資材が運搬される経路を（¹⁴　　　　　）に表して検討し，運搬の改善をはかるには，（¹⁵　　　　　）や（¹⁶　　　　　）などを利用して調査・分析し，検討する。

4　設備管理　次の文は設備管理について述べたものである。(　　)内に適当な語句を記入して完成させよ。

　機械は，つねに (1　　　　　　)・(2　　　　　　) をして能力をじゅうぶんに出させる必要がある。これらをおこたると，機械が (3　　　　　) を起こし，(4　　　　　) の日程が乱れ，機械の (5　　　　　) が短くなるばかりでなく，作業者が (6　　　　　) をするなどの多くの損失を招くことになる。また，日常の整備のほか，たとえ故障がなくても，(7　　　　　　) な検査をして，整備・修理を行って故障を防止しなければならない。これを (8　　　　　　)(PM) という。

5　工具管理　次の文は工具管理について述べたものである。(　　)内に適当な語句を記入して完成させよ。

　工具管理は，加工に最も適切な (1　　　　　) を能率よく使用できるようにするためのもので，その仕事は，工具の設計・(2　　　　　)，購入・(3　　　　　)・出納・(4　　　　　)・記録などである。

6　原価管理　次の文は原価管理について述べたものである。(　　)内に適当な語句を入れて完成させよ。

　原価管理とは，原価を (1　　　　　)・(2　　　　　) し，その結果を受けて，(3　　　　　) や (4　　　　　) の改善に役立たせるために管理計画を立て，計画を実行する活動をいう。原価管理の目的は，原価を合理的に引き下げることにある。企業は，目標とする原価を (5　　　　　)(Plan)し，生産・販売活動に必要な原価(Do)を確認(Check)し，処置(Act)することで，(6　　　　　　) を回す。こうして，原価を合理的に引き下げていく。

7　原価とその構成　次の文は原価とその構成について述べたものである。(　　)内に適当な語句を記入して完成させよ。

(1)　製品の生産および販売に関して発生する費用を原価といい，このうち製造に要した費用を製造原価もしくは，(1　　　　　　) という。これには製品の (2　　　　　)・(3　　　　　　)，製造に必要な (4　　　　　　) や (5　　　　　) などの費用を含む材料費，製造に直接あるいは間接的に従事する作業者などへの賃金・(6　　　　)・(7　　　　) などの労務費，(8　　　　)・(9　　　　)・旅費交通費・外注加工費・特許権使用料・厚生費・その他の雑費などの経費が含まれる。

(2)　総原価ともよばれる (10　　　　　　) は，製造原価に (11　　　　　) と (12　　　　　　) を加えた額で，さらに (13　　　　　) を加えた額を販売価格という。

(3)　製造から販売にいたるいろいろな費用のうち，製造原価に含まれる (14　　　　　　)・(15　　　　　)・(16　　　　　) を原価の３要素という。

8 固定費と変動費 次の文は固定費と変動費について述べたものである。（　　　）内に適当な語句を記入して完成させよ。

(1) 製造原価は，生産数量や操業度の増減によって，（**1**　　　　　　）と（**2**　　　　　　）に分ける集計方法がある。工場全体からみると，生産数量が増しても固定費はほぼ（**3**　　　　　　）であるが，変動費は生産数量の増加にともなって（**4**　　　　　　）する。一方，製品1単位あたりについて考えると，生産数量が増すにしたがって，固定費は（**5**　　　　　　）するが，変動費は製品1単位あたりではほぼ（**6**　　　　　　）となる。

(2) 製品1単位あたりの原価を下げるには，生産数量を（**7**　　　　　　），固定費を（**8**　　　　　　）か，変動費を（**9**　　　　　　）必要がある。生産数量の増減により，利益が出たり，損失が発生したりする。ちょうど採算のとれる売上高を（**10**　　　　　　）という。

9 原価計算 次の文は原価計算とその目的について述べたものである。（　　　）内に適当な語句を記入して完成させよ。

(1) 原価を計算する手続きを原価計算といい，製造命令書ごとに計算する（**1**　　　　　　），1原価計算期間に生じた原価の総額を，その期間の製品の生産量で割って製品1単位あたりの原価から求める（**2**　　　　　　）などがあり，受注生産には（**3**　　　　　　）が，同種の製品を継続的に生産する大量生産には（**4**　　　　　　）が適している。

(2) 原価計算は，その製品の（**5**　　　　　　）を決めるための資料，株主などへの企業会計の報告資料である損益計算書などの（**6**　　　　　　）の資料，あるいは，（**7**　　　　　　）の改善のための資料などを作成するために行う。

(3) 原価計算を行うさいに費用を直接費と間接費に分類すると，製品の素材や部品の購入に要した費用は（**8**　　　　　　）に，工場消耗品や消耗工具備品の購入に要した費用は（**9**　　　　　　）に分類される。

3 品質管理と検査 （機械工作2　p.173〜185）

1 品質管理のあらまし 次の文は品質管理について述べたものである。（　　　）内に適当な語句を記入して完成させよ。

(1) 使用目的を満たしているかどうかを決定する製品固有の性質・性能を（**1**　　　　　　）といい，英語表示では（**2**　　　　　　）となる。

(2) 品質管理（Quality Control：QC）とは，製品の（**3**　　　　　　）の（**4**　　　　　　）を定め，これを維持し，さらに改善をはかるように管理することである。このためには，決められた（**5**　　　　　　）を確実に行う必要がある。

2 TQM TQM（total quality management）とは何か説明せよ。

_____

_____

_____

3 品質管理の認証制度 次の文は品質管理の認証制度について述べたものである。（　　）内に適当な語句を記入して完成させよ。

(1) JISマーク表示制度は，品質保証のための認証制度で，（1　　　　　　　　）に基づきJISへの（2　　　　　　　）が確認されれば，該当する製品にJISマークを表示することができる。認証の方法は，製品試験による（3　　　　　　）のJIS規格への適合の検査と，工場の（4　　　　　　　）についての審査であり，認証取得後も定期的に審査が行われる。

(2) 国際標準化機構（ISO）が制定した品質を保証するための国際規格が（5　　　　　　）シリーズで，商取引をするさいに，製造会社がしっかりとした（6　　　　　　）システムをもっているかを評価するための規格である。これは，第三者による（7　　　　　　）制度を設けていることが特徴で，認証された工場では，工場の（8　　　　　　）を公表している。

4 品質標準 次の文は品質標準について述べたものである。（　　）内に適当な語句を記入して完成させよ。

(1) 製品の製造目標として計画した品質を（1　　　　　　）という。一般に，この水準の高いものをつくろうとすれば価格が（2　　　　　）くなる。したがって，製造能力，製品の機能，（3　　　　　）などを合わせて検討して，これを決定する。

(2) この設計品質をもとに，具体的に製品規格として，品質の内容を（4　　　　　　）などではっきり示したものを（5　　　　　　）という。

(3) 一般によい品質とは，使用目的に適し，（6　　　　　）が少なく（7　　　　　　）が高く，保存しやすく寿命が長く，製品が均一で使いやすく，（8　　　　　）で外観・体裁がよいなどの性質をもち合わせていることである。このように，製品の良否にかかわる性質を（9　　　　　　）という。

5 品質管理と検査 次の文は品質管理と検査について述べたものである。（　　）内に適当な語句を記入して完成させよ。

(1) 生産された製品を測定し，品質標準のとおりにできているかを確かめ，その結果に基づいて個々の製品の（1　　　　　）またはロットの（2　　　　　）・（3　　　　　）を決定することを（4　　　　　）という。

(2) 製造された部品や完成品が（5　　　　　　）のとおりかどうかを確認するためには（6　　　　　）して検査を行うが，その測定結果をデータとして（7　　　　　）手段を用いて製品の管理を行うものの一つが（8　　　　　　）である。

6　品質のばらつき　次の文は製品の品質のばらつきについて述べたものである。（　　）内に適当な語句を記入して完成させよ。

(1)　大量生産される製品は，同じ材料を用いても材質の規格にはいくらかの（**1**　　　　　　）があり，機械の精度もそれぞれ違い，（**2**　　　　　　）の個性や，（**3**　　　　　　）・湿度などの環境にも差があるので，製品の品質に（**4**　　　　　　）が出る。

(2)　一般に，品質のばらつきは，その（**5**　　　　　）工程が一定ならば，いつでも同じ状態になるので，生産工程を（**6**　　　　　）することによって，品質のばらつきの（**7**　　　　　）な製品を得ることができる。

7　統計的品質管理のあらまし　次の文は統計的品質管理のあらましについて述べたものである。（　　）内に適当な語句を記入して完成させよ。

(1)　どのように生産したら不良品が出ないか，不良品が出る（**1**　　　　　）はどこにあるのか，どこを（**2**　　　　　）したらよいかなど，品質特性を調べることによって（**3**　　　　　）を監視，改善することは，製品の（**4**　　　　　）を維持するうえで必要なことである。

　　この場合，生産された製品をすべて検査して良品と不良品に分け，良品だけを合格とする（**5**　　　　　　）と，生産された製品の一部を抜き取って品質を検査し，抜き取ったところの製品全体を合格・不合格の形で判断する（**6**　　　　　）とがある。

(2)　統計的品質管理のねらいは，製品の品質特性の（**7**　　　　　）の傾向をあきらかにし，それをできるだけ小さくし，目的に合った生産をすることである。

8　管理図について　次の文は管理図について述べたものである。（　　）内に適当な語句を記入して完成させよ。

(1)　工程が管理状態にあっても，（**1**　　　　　）にある程度のばらつきが生じることは避けられない。そのばらつきの状態をみて，工程が（**2**　　　　　）な状態にあるかどうかを調べるため，または，工程を安定な状態に（**3**　　　　　）するために用いるのが（**4**　　　　　）である。

(2)　製品の母集団の分布が（**5**　　　　　）を示すときは，その平均値を m，標準偏差を σ とすれば，同じ条件のもとに生産された製品が，$m \pm 3\sigma$ の範囲外になる確率は統計的にほとんど0に近い。

　　この場合，$m + 3\sigma$ を（**6**　　　　　）(UCL)，$m - 3\sigma$ を（**7**　　　　　）(LCL)という。この方法を（**8**　　　　　）という。

■**豆知識**■

日本初の NC 工作機

1958年に牧野フライス製作所が NC フライス盤を発表した。この工作機械は，フライス盤に電気的操作装置を付随させたものであった。

9　x̄−R 管理図について　次の文は x̄−R 管理図について述べたものである。（　）内に適当な語句を記入して完成させよ。

(1)　x̄−R 管理図は，平均値の変化を管理する（**1**　　　）管理図と，ばらつきの変化を管理する（**2**　　　）管理図からなり，質量・寸法・時間などの量を管理するのに用いられる。

(2)　x̄−R 管理図で，点（プロット）が全部管理限界内にあれば，製造工程が（**3**　　　）していると考え，測定値全部を使用して（**4**　　　）をつくる。

　　これが製品の規格の（**5**　　　）と（**6**　　　）にじゅうぶんな余裕をもっていれば，規格に対しても満足しているから，この予備のデータの管理線を用いて（**7**　　　）の管理を進めればよい。

　　また，管理限界を飛び出した点があるときには，見逃せない（**8**　　　）としてよく調べ，ふたたび起こらないようにする。

(3)　規格と照らし合わせたとき，規格を満足しない場合や，満足しても（**9**　　　）と（**10**　　　）に余裕のない場合は，（**11**　　　）を規格の中心に近づけるよう処置をとるか，ばらつきを（**12**　　　）するような処置をとらなければならない。

10　管理図のみかた　次の文は管理図のみかたについて述べたものである。（　）内に適当な語句を記入して完成させよ。

　　管理図中に点在するサンプルの傾向によって，工程の（**1**　　　）を判断することができる。

　　一般に，プロットした点が連続 25 点すべて，連続 35 点中 34 点，連続 100 点中で 98 点以上が（**2**　　　）内にあれば，その製造工程は安定しているとみてよいが，1 点でも外に出たならば，工程は管理状態にないと考え，その（**3**　　　）を調べて根本的な（**4**　　　）を行い，再発を防止することが必要である。

11　プロットの傾向　工程が不安定であると管理図から判断されるのは，プロットの傾向がどのようになったときか。五つのみ箇条書きにせよ。

(1)＿＿＿＿＿＿＿＿＿＿＿＿＿＿＿＿＿＿＿＿＿＿＿＿＿＿＿＿＿＿＿＿＿＿＿＿

(2)＿＿＿＿＿＿＿＿＿＿＿＿＿＿＿＿＿＿＿＿＿＿＿＿＿＿＿＿＿＿＿＿＿＿＿＿

(3)＿＿＿＿＿＿＿＿＿＿＿＿＿＿＿＿＿＿＿＿＿＿＿＿＿＿＿＿＿＿＿＿＿＿＿＿

(4)＿＿＿＿＿＿＿＿＿＿＿＿＿＿＿＿＿＿＿＿＿＿＿＿＿＿＿＿＿＿＿＿＿＿＿＿

(5)＿＿＿＿＿＿＿＿＿＿＿＿＿＿＿＿＿＿＿＿＿＿＿＿＿＿＿＿＿＿＿＿＿＿＿＿

12　工程不安定の原因　工程が不安定になる原因を四つあげよ。

(1) _____

(2) _____

(3) _____

(4) _____

4　安全と環境管理　（機械工作2　p. 186〜196）

1　安全管理の取り組み　次の文は安全管理の取り組みについて述べたものである。（　　）内に適当な語句を記入して完成させよ。

(1)　生産にたずさわる人々の安全を確保し，生産活動がもたらす危険を（**1**　　　　　）し，労働にともなう災害を未然に（**2**　　　　　）する活動を（**3**　　　　　）という。

(2)　職場で災害が発生すれば，そこに働く人々や企業にとって大きな損失になる。したがって，職場の（**4**　　　　　）が安全管理の趣旨を理解し，各人の（**5**　　　　　）のうえに安全の（**6**　　　　　）につとめることがたいせつである。

(3)　働く人々の健康の確保と施設・設備などによる災害を防止するために，（**7**　　　　　）がある。それには，職場の安全確保に必要な各種の（**8**　　　　　）を行うことが規定されている。安全については，職場全体が（**9**　　　　　）に取り組まなければならない。企業は，（**10**　　　　　）を設け安全の確保と向上をはかっている。

(4)　企業は，従業員の健康と疾病予防のために，（**11**　　　　　）をそれぞれの職場に置き，職場環境の（**12**　　　　　）や疾病の（**13**　　　　　）などの指導を行い，快適な職場環境をつくり出すようにしている。また，企業が委任した（**14**　　　　　）の選任が義務付けられ，（**15**　　　　　）は，そこに働く人々の健康の確保についての指導と助言を行っている。

2　労働災害の防止活動　次の文は労働災害の防止活動について述べたものである。（　　）内に適当な語句を記入して完成させよ。

(1)　施設・設備や作業環境などが原因で，作業中に発生する災害を（**1**　　　　　）という。労働災害を防止するためには，作業者が（**2**　　　　　）な作業をしないよう，安全面から検討された（**3**　　　　　）を設定すること，作業者に対する（**4**　　　　　）を徹底すること，機械設備の危険な（**5**　　　　　）や，危険な（**6**　　　　　）を事前に発見し，改善を行えるような体制をつくることがたいせつである。

(2)　労働災害は，作業者による（**7**　　　　　）で発生することがある。（**8**　　　　　）としたり，ハッとしたりという程度ですんだ数多くの事故をなくすことや，その背景にある「人の（**9**　　　　　）」や「物の（**10**　　　　　）」をなくすことが，災害を防止するうえで重要である。

(3)　職場では KY 活動などの (11 　　　　　　　　　　) が行われている。KY 活動は，同じ職場のグループで，危険に対する (12 　　　　　　　　) を磨く訓練を行う。潜在する (13 　　　　　　　　) をグループ全員で見つけ出し，グループで討議することで共通の認識をもつことができ，(14 　　　　　　　　) を高める手法として多くの企業で採用されている。

(4)　機械や装置の (15 　　　　　　)，(16 　　　　　　　　) の取り付け，(17 　　　　　　　) の展開などによって労働災害は減少してきている。人の不安全行動があっても，(18 　　　　　　　) の安全化をはかり，事故の発生を阻止することがたいせつである。

3　労働災害の防止　労働災害防止のための作業条件改善事項のうち，物的なものを七つ示せ。

(1)　_____

(2)　_____

(3)　_____

(4)　_____

(5)　_____

(6)　_____

(7)　_____

4　環境管理　次の文は環境管理について述べたものである。(　　) 内に適当な語句を記入して完成させよ。

(1)　企業が，環境方針や目標をみずから設定し，これらの達成に向けて取り組んでいく管理活動を (1 　　　　　　　) または (2 　　　　　　　　　　) という。企業の環境への負荷を継続的に減らしていくための活動は，(3 　　　　　　　　) にもとづいて実行される。

(2)　産業廃棄物は，それを排出する (4 　　　　　　) が処理することとされ，事業者は廃棄物の (5 　　　　　　)・(6 　　　　　) などの処理をしたのちに，焼却や埋立処分をするようにしている。

(3)　ISO は，環境マネジメントに関する (7 　　　　　　　) シリーズを制定した。その内容は，環境を管理するために組織が行うべき活動の標準を定めるものである。(8 　　　　　　　) は，ISO14000 シリーズのなかの (9 　　　　　　　　　) の満たすべき必須事項を定めている規格である。企業は，自社のマネジメントシステムが規格に適合している場合，その企業は環境に配慮した (10 　　　　　　) をしているということで顧客からの信頼が得られ，企業の信用が向上する。

5　3R　次の文は3Rについて述べたものである。（　　）内に適当な語句を記入して完成させよ。

日本では，2000年に循環型社会形成推進基本法が制定され，企業は，（**1**　　　　　　　　）の形成に向けた環境に配慮した生産システムを構築している。工場では，資源の有限性と環境保全の観点から，3Rといわれる（**2**　　　　　　　　）・（**3**　　　　　　　　）・（**4**　　　　　　　　）を考慮するようになった。

（**5**　　　　　　　　）とは，生産に使用する原材料などを減らすことである。たとえば，部品の形状を技術改善により，肉薄にして（**6**　　　　　　　　）や製造工程での（**7**　　　　　　　　）を減らすことができる。（**8**　　　　　　　　）とは，回収した製品の部材・部品・容器などをそのままの形で再使用することである。製品の部材をユニット化することで，回収された製品から（**9**　　　　　　　　）をはずして再使用できるシステムが実施されている。

（**10**　　　　　　　　）とは，廃棄物を再生利用することで，原材料として（**11**　　　　　　　　）する方法と，燃焼原料として（**12**　　　　　　　　）する方法とがある。環境負荷の観点から，（**13**　　　　　　　　）を最優先に取り組むことが望ましい。

6　プラスチックのリサイクル　次の文はプラスチックのリサイクルについて述べたものである。（　　）内に適当な語を記入して完成させよ。

プラスチックは，外観上での種類の判断がむずかしいため，リサイクル識別マークを製品に付与して，リサイクルをよびかけている。（**1**　　　　　　　　）において，飲料・酒類・しょう油用のペットボトルや，それ以外のプラスチック製容器包装に，（**2**　　　　　　　　）の表示を義務付けている。

リサイクルの方法には，プラスチックの（**3**　　　　　　　　）に応じて適切な方法が実用化されている。これらには，（**4**　　　　　　　　）してメチルアルコールや塩酸などに分けて回収する方法や，熱分解ののち（**5**　　　　　　　　）として回収する方法，プラスチックの（**6**　　　　　　　　）により得られる高い熱エネルギーを発電や温水プールなどに有効利用する方法などがある。

7　ゼロエミッション　次の文はゼロエミッションについて述べたものである。（　　）内に適当な語を記入して完成させよ。

捨てられていた（**1**　　　　　　　　）や（**2**　　　　　　　　）を再利用し，それらを出さないようにする取り組みがゼロエミッションである。一企業内で行われる場合もあるが，異業種の企業や住民が集団を形成し行われることもある。工場や住民から出る廃棄物や排出物を別の工場で（**3**　　　　　　　　）として利用し，ごみの排出をゼロにするとともに，（**4**　　　　　　　　）の低減をはかるシステムである。

5 生産の効率化 （機械工作2 p. 197〜203）

1 取付具とジグ 次の文は取付具とジグについて述べたものである。（　）内に適当な語句を記入して完成させよ。

(1) 工作機械に工作物を手早く正確に取り付けることができると都合がよい。そこで，工作物の正しい位置決めや正確な締め付けの機能をもつ（**1**　　　　）が補助工具として使われる。

また，（**2**　　　　）の工作物を大量に生産するために，取付具に所定どおりの正確な加工ができるよう，（**3**　　　　）を設けた（**4**　　　　）も補助工具として使われる。

(2) 汎用の取付具には，フライス盤などで使用される（**5**　　　　）や旋盤用の（**6**　　　　）などがある。

(3) ジグの使用は経済面から考えれば，部品1個あたりの作業時間を（**7**　　　　）させることにあるが，部品の（**8**　　　　）とジグの（**9**　　　　）とのかねあいが，ジグの経済性の要素となる。この関係から，生産数量が（**10**　　　　）場合は，ジグの製作にかなり多くの（**11**　　　　）をかけても，作業時間を（**12**　　　　）することができれば，部品1個あたりの原価が（**13**　　　　）り，経済性が増すことになる。

2 ジグの例 下図は，6か所の穴あけをするためのジグである。（　）内に適当な語句を記入して文を完成させよ。

図(a)に示すような工作物を，ボール盤で加工するには，図(b)のように（**1**　　　　）をしてから穴あけをする。この方法では，手数がかかるだけでなく，（**2**　　　　）な穴あけがむずかしいので，図(c)のようなジグを使えば直接工作物に正確な穴あけができる。図(c)では，工作物と（**3**　　　　）との中心を合わせ，固定をする。その後，ボール盤を使い，（**4**　　　　）の案内に従ってφ10のドリルで穴あけを行う。

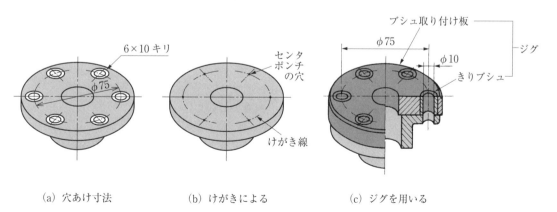

(a) 穴あけ寸法　　　(b) けがきによる　　　(c) ジグを用いる

3 機械の専用化 次の文は工作機械の専用化について述べたものである。（　　）内に適当な語句を入れて完成させよ。

(1) 加工ごとにその内容が変わる多品種少量生産に対応するためには，いろいろな機能をもち，しかも融通性に富んだ（1　　　　　　　　）が適しているが，操作には熟練を要す。

(2) ねじ切り加工といった特定の加工を能率的に行うためには，その加工に特化した（2　　　　　　　　）が適している。このような機械は不必要な（3　　　　　　）が省略されているので，汎用機に比べると操作が（4　　　　　　）になり，加工が効率化される。

(3) 単一の製品を能率的に大量生産する場合には，加工機能を限定した（5　　　　　　　　）が適している。

(4) 工作機械を選ぶには，製品の種類・（6　　　　　　　　）・（7　　　　　　　）・（8　　　　　　　　）などを検討して，生産費が低減できる機械を選定しなければならない。

4 自動化の目的 次の文は機械の自動化について述べたものである。（　　）内に適当な語句を記入して完成させよ。

(1) 機械の自動化によりつくられた部品や製品の品質は，高い（1　　　　　　　）を得やすい。自動化されていない工作法でも，高い品質の製品を得ることはできるが，品質の（2　　　　　　）を強く求めることはむずかしく，（3　　　　　　）が高くなる。

(2) 部品の工作精度のよしあしは，段取りや機械の操作上での作業者の（4　　　　　　　）による誤差の累積が直接の原因となる。そこで，これらを（5　　　　　　）することによって累積誤差をなくして，（6　　　　　　）に均一性をもたせることができる。

5 自動化できる機能 工作機械の機能のうち，自動化できる機能を四つあげよ。

(1) _____

(2) _____

(3) _____

(4) _____

6 半自動と全自動 工作機械における半自動と全自動について述べよ。

_____

_____

_____

機械工作1・2演習ノート

解答編

実教出版株式会社

（下線の答えは順不同でよい）

第1章　工業計測と測定用機器

1 計測の基礎 (p.1)

1 1　目的　2　結果　3　計測
4　工業計測

2 1　基準量　2　直接測定　3　間接測定
4　基準　5　絶対測定　6　基準
7　比較測定

3 1　真の値　2　真の値　3　<u>真の値</u>
4　<u>誤差</u>　5　<u>まちがい</u>　6　理論誤差
7　測定器の固有誤差　8　個人誤差
9　系統誤差　10　偶然誤差

4 ①　同じ大きさの正負の偶然誤差は，ほぼ同じ回数生じる。
②　小さい偶然誤差は，大きい偶然誤差より多く生じる。
③　ある程度以上の大きい偶然誤差は生じない。
④　測定値の平均値を求めるなど，統計的に取り扱う。

2 測定器 (p.2)

1 1　ばらつき　2　精密さ　3　かたより
4　正確さ　5　偶然　6　固有　7　個人
8　理論　9　系統　10　<u>精密さ</u>　11　<u>正確さ</u>
12　目量　13　0.01 mm　14　500

2 1　感度　2　大きく　3　精度　4　感度

3 ①　信号の増幅が容易で，高感度の測定ができる。
②　電気信号は配線だけで，ときには無線で遠隔測定ができる。
③　自動測定により，変化にすばやく対応できるので，制御に有効である。
④　測定量の演算，結果の記録・再生ができる。

3 長さの測定 (p.3)

1 1　直接測定　2　基準尺　3　比較測定
4　標準尺　5　ガラス　6　直尺
7　基準尺　8　セラミックス　9　端度器
10　<u>平行度</u>　11　<u>平面度</u>　12　端面
13　寸法基準

2 1　外側用ジョウ　2　内側用ジョウ
3　デプスバー　4　0.05 mm　5　ねじ

6 0.01 mm　7　アンビル　8　スピンドル
9　定圧装置（ラチェットストップまたはフリクションストップ）　10　光（レーザ光）　11　数
12　標準尺　13　ダイヤルゲージ　14　電圧
15　差動変圧器式電気マイクロメータ

4 三次元形状の測定 (p.4)

1 1　接触式　2　非接触式　3　空間座標
4　座標値　5　座標値

2 1　幾何公差　2　真直度　3　真円度

5 表面性状の測定 (p.4)

1 1　算術平均粗さ　2　最大高さ粗さ
3　触針式表面粗さ測定機　4　うねり成分
5　粗さ曲線

6 質量と力の測定 (p.5)

1 1　キログラム　2　プランク定数
3　てんびん　4　ひょう量　5　誤差
6　二重ひょう量法　7　電子てんびん

2 1　弾性荷重検査器　2　ロードセル
3　ひずみゲージ

7 温度の測定 (p.5)

1 1　ケルビン　2　セルシウス度
3　熱電温度計　4　抵抗温度計　5　非接触
6　熱放射温度計

第2章　機械材料

1 材料の機械的性質 (p.6)

1 機械材料に望まれる性質

1 1　原料　2　棒　3　切削　4　溶解
5　接合　6　硬さ　7　抵抗力　8　電気
9　再生

2 おもな機械材料

1 1　純金属　2　硬さ　3　合金

2 1　機械　2　再生　3　耐熱性　4　機械

3 (1)　性質の異なる2種類以上の素材を組み合わせた材料で，単一材料では得られないすぐれた特性や機能をもっている。
(2)　特異な性質をもつように開発された材料で，

電気・磁気・熱・光学および化学的性質などに
すぐれている。

3 機械的性質とその試験法

1 (1) 降伏点 (2) D (3) 461 MPa

2 1 展延性 2 伸び 3 軟鋼 4 応力
  5 耐力 6 大 7 小 8 鋳鉄
  9 最大応力 10 非金属材料

3 1 D 2 d 3 D 4 d 5 14
  6 9.54 7 14 8 53.6 9 l 10 L
  11 69.5 12 50 13 50 14 39

4 (1) ロックウェル－b（くぼみの深さ）－イ（金
    属材料）
  (2) ブリネル－c（くぼみの直径）－ア（素材）
  (3) ショア－d（ハンマの跳ね上がり）－ウ（各
    種製品）
  (4) ビッカース－a（くぼみの対角線）－イ（金
    属材料）

5 1 粘り 2 靭性 3 硬い 4 クリープ
  5 疲労 6 高温 7 低温 8 もろく
  9 遷移温度 10 摩耗 11 軟らかい
  12 硬さや表面性状

2 金属の結晶と加工性 (p. 10)

1 金属・合金の結晶と状態変化

1 1 体心立方格子 2 面心立方格子
  3 ちゅう密六方格子 4 Fe・Cr・W・Li
  5 Au・Ag・Cu・Al・Pb・Ni・Pt・Sr
  6 Zn・Co・Mg・Ti・Mo・Zr

2 (1) 凝固点
  (2) 純金属はほぼ一定温度で凝固するが，合金は
    特定の温度で凝固が終わらず，ある温度範囲を
    もって進行する。

3 1 合金 2 成分 3 組成 4 二元
  5 三元 6 結晶粒 7 結晶構造
  8 結晶格子 9 小さ 10 大き 11 変形

4

    1 面心   2 体心

5 1 固溶体 2 1000 3 700 4 液相
  5 融液 6 固相 7 固体 8 晶出
  9 85 10 15 11 融液 12 5 13 4
  14 65 15 35 16 20 17 80 18 750
  19 40 20 60

6 1 共晶 2 A 3 B 4 液相

5 融液 6 固相 7 固体 8 b 9 a
10 Ⓐ 11 融液 12 GI 13 GH 14 bi
15 be 16 共晶 17 b 18 a 19 共晶
20 b 21 a 22 Ⓑ 23 Ⓑ 24 JK
25 JM 26 ak 27 Ⓐ 28 Ⓑ
29 共晶 30 e 31 q 32 p 33 sr
34 rp 35 ut 36 tq

2 金属材料の変形と結晶

1 1 弾性 2 塑性 3 弾性 4 塑性
  5 塑性 6 弾性 7 <u>弾性</u> 8 <u>塑性</u>
  9 塑性

2 1 加工硬化 2 再結晶 3 再結晶
  4 冷間 5 熱間

3 1 増し 2 強く 3 わるく
  4 大きく 5 増し 6 減少

4 ① 硬さ・引張強さ ② 伸び・絞り
  ③ 結晶粒の大きさ ④ 内部応力

3 金属材料の加工性

1 1 可融性 2 鋳造 3 展延性
  4 塑性加工 5 被削性 6 切削加工

2 1 展延性 2 被削性 3 可融性
  4 展延性 5 被削性 6 可融性
  7 被削性 8 展延性

3 1 展延性 2 被削性 3 溶接性
  4 鋳造 5 溶接 6 塑性加工
  7 研削加工

3 鉄鋼材料 (p.17)

1 鉄鋼の製法

1 1 鉄鉱石 2 石灰石 3 コークス
  4 コークス 5 高炉 6 空気
  7 1500 8 酸化鉄 9 炭酸ガス
  10 還元 11 <u>転炉</u> 12 <u>電気炉</u>
  13 <u>連続鋳造設備</u> 14 <u>分塊圧延機</u>

2 炭素鋼の性質と分類

1 1 性質 2 合金元素 3 含有量
  4 <u>純鉄</u> 5 <u>鋼</u> 6 <u>鋳鉄</u> 7 2.14
  8 鉄 9 炭素 10 脱酸 11 <u>ケイ素</u>
  12 マンガン 13 不純物 14 <u>リン</u>
  15 硫黄

3 純鉄の変態と結晶構造

1 1 1536 2 α鉄 3 δ鉄
  4 体心立方格子 5 面心立方格子
  6 A_3 7 A_4
結晶構造図略

2 亜共析鋼：0.765% 未満
共析鋼：0.765%
過共析鋼：0.765 を越え 2.14% 未満

鋳鉄：2.14% 以上

4 炭素鋼の組織と熱処理

1 (1)—b—エ

　(2)—c—イ

　(3)—d—ウ

　(4)—a—ア

2 (1)(2)(3)省略　**1** 共析鋼

　2 オーステナイト + 初析フェライト

　3 初析フェライト + パーライト

3 0.47（初析フェライト 38%，パーライト 62%
の組織量の線とグラフとの交点の炭素量である。）

4 (1)—焼戻し—d

　(2)—焼なまし—a

　(3)—焼ならし—b

　(4)—焼入れ—c

5 **1** 引張強さ　**2** 硬さ　**3** 伸び

　4 絞り　**5** 2.5

6 **1** 大きい　**2** 小さく　**3** 小さく

　4 小さく　**5** 小さい

7 **1** 組織　**2** 硬さ　**3** 伸び

　4 機械的性質　**5** 徐冷　**6** 空冷

　7 油冷　**8** 水冷　**9** 膨張

5 炭素鋼の種類と用途

1 **1** 0.6　**2** 一般構造用圧延鋼材

　3 最低引張強さ　**4** 機械構造用炭素鋼鋼材

　5 炭素量　**6** 100　**7** SK

2 **1** 硬さ　**2** 鋳造　**3** 高温　**4** 割れ

　5 展延性　**6** 塑性加工　**7** 硫黄

6 合金鋼・特殊鋼

1 **1** 引張強さ　**2** 耐食性　**3** 被削性

　4 炭素鋼　**5** 靭性　**6** 強靭鋼

　7 溶接性　**8** 高張力鋼

　9 機械構造用合金鋼　**10** 炭素工具鋼

　11 タングステン　**12** 高速度工具鋼

　13 合金工具鋼　**14** 工具用合金鋼

　15 モリブデン

2 (1) 高張力鋼　(2) 合金工具鋼　(3) 快削鋼

　(4) ばね鋼　(5) 耐熱鋼

3 **1** オーステナイト　**2** 耐食性　**3** 650

　4 炭化物　**5** 粒界腐食　**6** 粒界

　7 応力　**8** 塩化物　**9** 赤熱脆性

　10 被削性　**11** 硫黄快削鋼

　12 硫黄複合快削鋼

4 **1** 収縮率　**2** 鋳造性　**3** 塑性加工

　4 大きい　**5** 被削性　**6** 焼なまし

7 鋳　鉄

1 **1** 鋳物用銑　**2** 2.14〜6.67　**3** 2〜4

　4 1〜3　**5** 白鋳鉄　**6** ねずみ鋳鉄

7 セメンタイト　**8** 多い　**9** 遅い

10 少ない　**11** はやい　**12** 低く

13 機械的　**14** 靭性

2 **1** ねずみ鋳鉄　**2** 球状黒鉛鋳鉄

　3 高クロム鋳鉄　**4** 可鍛鋳鉄

3 **1** 低　**2** 湯流れ　**3** 収縮　**4** よい

4 (3)，(4)，(5)，(7)

4 非鉄金属材料 (p. 27)

1 アルミニウムとその合金

1 **1** 軽い　**2** 2.7　**3** 面心立方格子

　4 延性　**5** アルマイト処理　**6** 圧延

　7 押出し　**8** 引抜き　**9** 鋳造

2 **1** 3003　**2** 加工性　**3** 耐食性

　4 Al-Mn　**5** 溶体化　**6** 時効硬化

　7 機械的性質　**8** 溶体化　**9** 銅

　10 アルミニウム　**11** $CuAl_2$　**12** 平衡

　13 Al-Zn-Mg　**14** 7075

3 **1** 低　**2** 展延性　**3** 曲げ　**4** 絞り

　5 構成刃先　**6** 粗く　**7** すくい角

　8 高速　**9** 十分に

2 マグネシウムとその合金

1 (1) 実用金属材料中最大の比強度を示す。

　(2) 機械加工性がよい。

　(3) 減衰能にすぐれている。

　(4) 物体が衝突したときに生じるくぼみが，アル
ミニウム合金や軟鋼に比べて小さい。

　(5) 溶湯は鉄とほとんど反応しないので，ダイカ
スト鋳造に適する。

　(6) 電磁波遮へい性がよい。

2 **1** ちゅう密六方格子　**2** 展延性　**3** 300

　4 450　**5** 発火

3 チタンとその合金

1 **1** 4.51×10^3　**2** 350〜500　**3** 比強度

　4 132　**5** 海水　**6** Ti - 6% Al - 4% V

　7 溶体化時効　**8** 13　**9** 1070　**10** 1000

2 **1** もろく　**2** 990

4 銅とその合金

1 **1** 熱　**2** 電気　**3** 耐食性　**4** 色

　5 光沢　**6** 強さ　**7** 硬さ　**8** 銅

　9 亜鉛　**10** 20　**11** 深絞り　**12** 銅

　13 亜鉛　**14** 銅　**15** すず　**16** 鋳造性

　17 銅　**18** 亜鉛　**19** 40　**20** 大きく

　21 冷間　**22** 冷間　**23** 軸　**24** 置割れ

　25 七三黄銅　**26** 六四黄銅　**27** 焼なまし

　28 洋白　**29** 耐疲労性　**30** 耐食性

　31 装飾品　**32** 白銅　**33** 耐海水性

　34 熱交換器用管板

2 **1** 鋳造性 **2** 小さい **3** 展延性

4 にくい **5** すくい角 **6** 高速

7 誤差

5 ニッケル・亜鉛・鉛・すずとその合金

1 ⑴ モネルメタル

⑵ ニクロム

⑶ ニッケル

⑷ 鉛

⑸ すず

⑹ ホワイトメタル

⑺ バビットメタル

⑻ はんだ

⑼ 可融合金

5 非金属材料 (p. 31)

1 プラスチック

1 **1** 天然ガス **2** 炭化水素 **3** 合成樹脂

4 熱 **5** 圧力 **6** 成形 **7** 熱分解

8 熱可塑性 **9** 加熱 **10** 熱硬化性

11 ふたたび熱を加え **12** 溶媒

13 機械的性質 **14** 耐衝撃性

15 耐熱軟化性 **16** エンジニアリング

2 ⑴ 軽い（密度が $0.83〜2.1 \times 10^3 \mathrm{kg/m^3}$）鋼の約 $10〜25\%$ である。

⑵ 熱や電気を伝えにくい。

⑶ 成形加工が容易である。

⑷ 着色により色彩豊かな製品が容易にできる。

⑸ 腐食しにくく，さびない。

3 **1** ポリメタクリル酸メチル **2** PMMA

3 ポリアミド **4** PA

5 メラミン樹脂 **6** MF

4 **1** 結晶構造 **2** 結晶化 **3** 耐熱性

4 機械的性質 **5** 高い **6** 荷重

7 構造材 **8** 変形量 **9** クリープ

10 ロックウェル硬さ

11 エンジニアリングプラスチック

12 電気 **13** 電子部品 **14** 生産量

2 セラミックス

1 **1** アルミナ **2** 炭化ケイ素

3 窒化ケイ素 **4** 化学的 **5** 硬さ

6 耐熱性 **7** 不燃性 **8** 耐食性

9 耐摩耗性 **10** プラスチック **11** もろく

12 欠点 **13** 特性 **14** セラミックス

15 ファインセラミックス

3 ガラス

1 **1** 高温 **2** 冷却 **3** 配列

4 非晶質 **5** 二酸化ケイ素 **6** 物質

7 添加 **8** 圧縮荷重 **9** 引張荷重

10 残留応力 **11** 強化ガラス

6 各種の材料 (p. 33)

1 機能性材料

1 **1** 焼結合金 **2** 熱処理 **3** 加熱

4 形状記憶合金 **5** アモルファス

6 双晶部 **7** 転位 **8** 制振合金

9 小さな **10** 超塑性合金 **11** 電流

12 電流 **13** 高透磁率 **14** 永久磁石

15 磁性材料 **16** 超伝導

2 複合材料

1 **1** 比強度 **2** 比剛性 **3** 耐熱性

4 耐食性 **5** 電気絶縁性 **6** 断熱性

2 **1** 炭素繊維 **2** 炭化ケイ素繊維

3 アラミド繊維 **4** 張力

5 繊維強化プラスチック **6** ホウ素

7 炭化ケイ素 **8** アルミナ

9 繊維強化金属 **10** 長さ **11** 含有率

12 配向 **13** 分布 **14** 炭素繊維

15 炭化ケイ素繊維 **16** アルミニウム

17 マグネシウム **18** 銅 **19** 大きい

20 比強度 **21** 小さい **22** 比剛性

23 電磁気特性 **24** 熱的安定性

25 SiC 繊維強化アルミニウム **26** 高い

第3章 鋳 造

1 鋳造法と鋳型 (p. 35)

1 鋳造と鋳物

1 鋳物はつくろうとする製品と同じ形状につくられた空洞部に湯を流し込んでつくる。

1 模型 **2** 鋳型 **3** 鋳物 **4** 湯

2 砂型鋳造法

1 **1** 鋳型 **2** 模型 **3** 鋳込み **4** 解体

5 砂落とし **6** 熱処理 **7** 中子

① 湯道 ② 湯口 ③ 湯だまり ④ 押湯

⑤ ガス抜き穴 ⑥ 揚がり

2 **1** 鋳型 **2** 木材 **3** 金型 **4** バリ

5 消失模型 **6** 16 **7** 現型

8 引き型 **9** 現型 **10** マッチプレート

3 ⑴ 容易に型込めでき，鋳型にじゅうぶんな強さや硬さを与える性質を表す。

⑵ 高温の湯に耐える性質を表す。

⑶ 鋳型の内部で発生する水蒸気やガスを外部に逃がす性質を表す。

⑷ 使用したあとの鋳物砂に化学的・物理的な変化がなく，繰り返し使用できる性質を表す。

4 1 鋳物 2 鋳型 3 鋳物砂
4 結合材 5 加圧 6 化学反応
7 強固 8 鋳物砂 9 生型
10 結合材 11 化学反応 12 自硬性鋳型
13 ケイ酸ナトリウム 14 ガス型 15 100
16 熱硬化性プラスチック 17 シェル型

③ 金型を使った鋳造法

1 (1) 溶湯の冷却速度が砂型に比べて速く，機械的性質がすぐれている。
(2) 同一金型を繰り返し利用できるので，大量生産に適している。
(3) 寸法精度や鋳肌の良好な鋳物をつくることができる。
(4) 砂型鋳造法に比べると，鋳物の材質・形状・大きさなどに制限がある。

2 1 溶湯 2 重力金型鋳造法 3 溶湯面
4 低圧力 5 重力 6 低圧鋳造法
7 圧力 8 凝固 9 高圧鋳造法
10 溶湯鍛造法 11 金型 12 高い
13 ダイカスト法

④ 各種の鋳造法

1 (1) ほとんどあらゆる種類の金属の鋳物に利用できる。
(2) 複雑な形状のものでも，鋳型を分割しないので正確にできる。
(3) 鋳肌が滑らかで，寸法精度も高い。
(4) 製作個数の多少に関係なく利用できる。
(5) 鋳物の大きさが制限される。
(6) 製作工程が複雑であり，鋳型材料も高価である。

2 (1) インベストメント鋳造法
(2) 石こう鋳造法
(3) シェルモールド鋳造法
(4) フルモールド法
(5) Ｖプロセス法
(6) 遠心鋳造法

② 金属の溶解方法と鋳物の品質 (p.39)

① 溶解方法

1 1 固体 2 液体 3 融点 4 純金属
5 合金 6 鋳込み温度 7 温度低下
8 10

2 (1) キュポラ
(2) エルー式電気アーク炉
(3) 電気抵抗炉
(4) 誘導炉

② 鋳物の品質

1 1 形状 2 寸法 3 内部 4 強度

5 鋳型形状 6 検査

2 (1) 目視検査 (2) 浸透探傷検査
(3) 打音検査 (4) 超音波探傷検査
(5) 放射線透過検査

3 1 寸法不良 2 鋳肌不良 3 巣
4 割れ 5 ひけ巣

第4章 溶接と接合

① 溶接と接合 (p.41)

1 (1) 接合に要する時間が短く，作業能率がよい。
(2) 構造物の重量を軽くすることができる。
(3) 気密が良好である。
(4) 溶接継手の強度に対する信頼性が高い。
(5) 作業の自動化がしやすい。

2 1 母材 2 融接 3 ろう 4 ろう接
5 原子 6 圧接 7 圧接 8 融接
9 低い 10 同質
① アーク溶接，セルフシールドアーク溶接，炭酸ガスアーク溶接，電子ビーム溶接，被覆アーク溶接，プラズマアーク溶接，レーザ溶接，ミグ溶接
② アプセット溶接，スポット溶接，鍛接，抵抗溶接，フラッシュ溶接，シーム溶接
③ はんだ付け

② ガス溶接とガス切断 (p.42)

1 1 酸素 2 アセチレン 3 薄板
4 白色 5 青色 6 中心炎 7 外炎
8 3000 9 ボンベ 10 酸素
11 アセチレン 12 圧力調整器 13 トーチ
14 溶接棒 15 同じ 16 融合 17 厚さ
18 酸化 19 窒化 20 酸化 21 スラグ
22 フラックス

2 1 トーチ 2 酸素 3 アセチレン
4 ノズル 5 ノズル 6 トーチ
7 酸化物 8 炭素鋼 9 酸化物
10 アルミニウム合金 11 ステンレス鋼
12 ガウジング 13 鋼塊 14 鋼片
15 スカーフィング

③ アーク溶接とアーク切断 (p.43)

1 1 溶接棒 2 母材 3 電位
4 溶接棒 5 母材 6 火花放電
7 プラズマ 8 アーク放電 9 光
10 熱 11 一定 12 アーク放電

8 後方押出し **9** ラム **10** 圧縮力

11 コンテナ **12** 摩擦 **13** 前方押出し

14 摩擦 **15** 熱間 **16** 寸法精度

17 引張力 **18** 拡大 **19** 圧延 **20** 押出し

3 プレス加工 (p.53)

1 **1** せん断 **2** 曲げ **3** 深絞り

4 金型 **5** 大量 **6** 金型 **7** 寸法精度

8 加工時間

2 **1** パンチ **2** ダイス **3** 板材

4 打抜き **5** 縁取り **6** 穴あけ

7 パンチ **8** ダイス **9** 小さく

10 逆押さえ **11** 精密打抜き

3 ① だれ面 ② せん断面 ③ 破断面

④ かえり面

1 パンチ **2** 押しつぶされて

3 こすられて **4** 光沢 **5** 滑らか

6 き裂 **7** 破断 **8** バリ

9 クリアランス **10** せん断力 **11** 摩擦力

12 寿命 **13** だれ **14** かえり

4 **1** E：ブランク **2** B：ストリッパ

3 A：ストップピン

5 **1** 穴抜き型 **2** ブランク **3** ○

4 ○ **5** ガイドポスト **6** 製品

7 板取り

6 **1** 押さえ板 **2** パンチ **3** 折り曲げ

4 ダイス **5** パンチ **6** 型曲げ

7 プレスブレーキ **8** ロール

9 送り曲げ **10** ロール **11** ロール成形

12 引張応力 **13** 圧縮応力 **14** 中立面

15 戻る **16** スプリングバック **17** 大き

18 薄 **19** そり

7 ① パンチ ② しわ押さえ ③ ダイス

④ ブランク

1 深絞り **2** ダイス **3** パンチ

4 パンチ **5** フランジ **6** しわ押さえ

7 限界絞り率 **8** 焼なまし **9** 再絞り

10 板厚 **11** 減少 **12** 増加 **13** 寸法精度

14 しごき **15** 破断 **16** しわ押さえ

17 潤滑

8 **1** 張出し **2** 加工硬化 **3** 強度

4 バーリング **5** バーリングタップ

4 鋳 造 (p.57)

1 **1** 再結晶 **2** 塑性変形 **3** 熱間鍛造

4 巣 **5** 結晶粒 **6** 微細化 **7** 鍛流線

8 機械的性質 **9** 鍛造開始温度

10 鍛造終了温度 **11** 鍛造温度

12 冷間鍛造 **13** エネルギー **14** 寸法精度

15 加工硬化 **16** 熱間 **17** 変形量

18 対称性

2 **1** つち打ち **2** 位置 **3** 熟練

4 能率的 **5** 少なく **6** 簡単

3 **1** ○ **2** バリ **3** ○ **4** 半密閉型

5 開放型 **6** ○ **7** フラッシュランド

8 小さく **9** ○ **10** 圧印加工 **11** ○

4 **1** 温度低下 **2** 品質 **3** エネルギー

4 環境衛生 **5** 空気ハンマ

6 空気シリンダ **7** クランクプレス

8 困難 **9** 高速 **10** 油圧プレス

11 容易 **12** 低速

5 その他の塑性加工 (p.59)

1 **1** ダイス **2** 加工時間 **3** 繊維状組織

4 切削加工 **5** ねじ **6** 冷間圧造

7 パンチ **8** 圧縮 **9** 主軸

10 押し金具 **11** へら絞り

6 型を用いた成形法 (p.59)

1 **1** 金型 **2** 溶融 **3** プラスチック

4 マグネシウム金属 **5** 材質 **6** 型締

7 射出 **8** 樹脂材料供給・冷却

9 取出し **10** 金属粉 **11** 圧縮

12 圧粉体 **13** 焼結

第6章 切削加工

1 切削加工の分類 (p.60)

1 **1** 刃物 **2** 切削加工 **3** 工作精度

4 プラスチック **5** 非金属材料

2 **1** 工作物 **2** 硬い **3** 削る

4 切りくず **5** 被削面 **6** 仕上げ面

7 切削工具 **8** 工具 **9** 形状 **10** 硬さ

11 強さ

3 **1** 工作物 **2** 切削工具 **3** 相対運動

4 主運動 **5** 送り運動 **6** 位置調整運動

2 おもな工作機械と切削工具 (p.61)

1 旋 盤

1 **1** 送り運動 **2** 切込み **3** 円筒

4 回転 **5** 直線

① 主軸台 ② 主軸 ③ センタ

④ 心押台 ⑤ 親ねじ ⑥ 送り軸

⑦ エプロン ⑧ 複式刃物台 ⑨ ベッド

2 ① 外丸削り ② 中ぐり ③ テーパ削り

④ 正面削り　⑤ ねじ切り

3　① すくい面　② シャンク　③ 主切れ刃

　④ 副切れ刃

　1　すくい角　2　流れるよう　3　切れ味

　4　きれいな　5　逃げ角　6　摩耗

　7　コーナ半径　8　強度　9　仕上げ面粗さ

4　① ヘールおねじ切りバイト

　② おねじ切りバイト　③ ヘール突切バイト

　④ ヘール仕上げバイト　⑤ 左片刃バイト

　⑥ 右片刃バイト　⑦ 真剣バイト

　⑧ 突切バイト　⑨ 左剣バイト

　⑩ 右剣バイト　⑪ 右横剣バイト

　⑫ 先丸穴ぐりバイト　⑬ めねじ切りバイト

5　① 付刃バイト　② スローアウェイバイト

　③ 完成バイト　④ 差込みバイト

② フライス盤

1　1　フライス盤　2　立てフライス盤

　3　横フライス盤　4　旋回台

　5　万能フライス盤

　① テーブル　② 主軸　③ コラム

　④ サドル　⑤ ベース　⑥ ニー

　⑦ テーブル　⑧ アーバ　⑨ 主軸

　⑩ サドル　⑪ コラム　⑫ ベース　⑬ ニー

2　1　正面フライス　2　エンドミル

　3　平フライス　4　連続切削　5　断続切削

　6　振動

3　① 正面フライス削り［立てフライス盤］

　② ねじれ溝削り［万能フライス盤］

　③ すりわり［横フライス盤］

　④ 角度フライス削り［立てフライス盤］

4　1　上向き削り　2　下向き削り

　3　持ち上げる　4　強く　5　薄肉

　6　押さえ付ける　7　外れ　8　摩擦熱

　9　摩耗　10　工具寿命

③ ボール盤

1　1　穴あけ　2　ボール盤　3　旋盤

　4　ボデー　5　シャンク　6　むくドリル

　7　ボデー　8　シャンク　9　溶接ドリル

　10　付刃ドリル　11　右

2　① マージン　② シャンク　③ タング

　④ マージン幅　⑤ 径　⑥ チゼルエッジ

　⑦ 切れ刃　⑧ マージン

3　1　13　2　ストレートシャンク

　3　テーパシャンク　4　卓上ボール盤

　5　直立ボール盤　6　主　7　位置調整

　8　送り　9　手送りハンドル

　10　チゼルエッジ　11　大きい

　12　シンニング

4　① 穴あけ［ドリル］

　② リーマ仕上げ［リーマ］

　③ タップ立て［タップ］　④ 座ぐり

　⑤ 皿座ぐり　⑥ 深座ぐり

5　1　真円　2　外周コーナ　3　リーマ

　4　めねじ　5　食付き部　6　先　7　上げ

　8　キー溝　9　テーパピン　10　心押台

　11　小さな下穴

④ その他の切削工作機械

1　1　回転　2　正面　3　フライス

　4　中ぐり加工　5　大きい穴　6　深い穴

2　1　早戻り機構　2　間欠運動

　3　加工能率　4　熱　5　温度変化

　6　腰折れ　7　同じ　8　下がった

3　1　O　2　a　3　形削り　4　腰折れ

4　1　ブローチ　2　直線

　3　内面ブローチ盤　4　外面ブローチ盤

　5　油圧　6　ブローチ削り　7　加工精度

　8　連続的　9　加工速度

　10　大量生産　11　高価　12　経済的

5　1　平歯車　2　はすば歯車　3　かさ歯車

　4　転造　5　歯切り盤　6　ピニオンカッタ

　7　歯車形削り盤　8　ホブ　9　ホブ盤

③ 切削工具と切削条件　(p.70)

1　(1) 高速度工具鋼　(2) サーメット

　(3) 立方晶窒化ホウ素　(4) セラミックス

　(5) 合金工具鋼　(6) ダイヤモンド

　(7) サーメット　(8) 超硬合金

　(9) ダイヤモンド

2　(1) ○　(2) ×　(3) ○　(4) ×　(5) ○

　(6) ×　(7) ○　(8) ○　(9) ○　(10) ○

3　1　3.14　2　50　3　630　4　1000

　5　98.9　6　3.14　7　100　8　255

　9　1000　10　80.1

4　1　1000　2　10　3　3.14　4　5

　5　636.9　6　637　7　1000　8　35

　9　3.14　10　50　11　222.9　12　223

5　1　80　2　0.2　3　400　4　400

　5　250　6　1.6

6　1　79.6　2　80　3　0.2　4　12　5　80

　6　192

7　1　仕上げ面の粗さ　2　生産数量

　3　切削速度　4　送り量　5　切込み

　6　切削速度　7　m/min　8　効率

　9　工具寿命　10　送り量　11　mm/rev

　12　mm/刃　13　仕上げ面の粗さ　14　切込み

　15　荒削り　16　種類　17　動力　18　小さく

19 速く　**20** 工具寿命

8 ①　すくい面　②　クレータ　③　主切れ刃

　　④　横逃げ面　⑤　逃げ面摩耗　⑥　前逃げ面

　　⑦　副切れ面

1 摩耗　**2** 切削抵抗　**3** 仕上げ面

4 再研削　**5** 高温　**6** すくい面摩耗

7 クレータ　**8** 高速切削　**9** 逃げ面摩耗

10 再研削　**11** 研ぎ落とす　**12** 経済的

9 (1)　仕上げ面に光沢のあるしま模様が生じたとき。

　　(2)　刃部の摩耗がある値に達したとき。

　　(3)　仕上げ寸法や仕上げ面の表面性状の変化が, ある値に達したとき。

　　(4)　切削抵抗の背分力, または送り分力が急に増加したとき。

　　(5)　工具使用開始時と比べて, 切削抵抗の主分力がある値に増加したとき。

　　(6)　1・4　(7)　2　(8)　3

4　切削理論　(p.74)

1 ①　せん断角　②　せん断面　③　すくい面

　　④　逃げ面　⑤　仕上げ面

2 (a)　流れ形　(b)　き裂形　(c)　せん断形

　　(1)　き裂形　(2)　流れ形　(3)　せん断形

3 (1)　き裂形　(2)　せん断形　(3)　流れ形

4 **1** 塑性変形　**2** 摩擦　**3** 熱

　　4 切りくず　**5** 切削工具

　　6 刃先近くのすくい面　**7** 工具寿命

　　8 材質　**9** 切削速度　**10** 送り量

　　11 切削速度

5 **1** 圧力　**2** 熱　**3** 切りくず

　　4 切れ刃　**5** 構成刃先　**6** 発生

　　7 加工精度

6 (1)　切削速度を速くしたり, 切込みや送り量を大きくする。

　　(2)　すくい角を大きくしたり, 潤滑作用のよい切削油剤を与える。

7 (1)　工作物や工具の形状, 工作機械の剛性, 切削条件などによって振動が発生して, 工作物の仕上げ面にしま模様が生じる現象。

　　(2)　工作物・切削工具の取り付けや工作機械の運動部分の調整, および切削速度, 送り量, 切込みなどの切削条件を調整する。

8 ①　潤滑作用　工具の刃部と切りくずおよび仕上げ面との摩擦を抑え, 熱の発生や, 刃部の摩耗を少なくし, 流れ形の切りくずができやすくするとともに, 構成刃先の発生も防ぐ。

　　②　冷却作用　工具の刃部を冷却して工具寿命を延ばし, また, 工作物の温度上昇による加工精度の低下を防ぐ。

　　③　洗浄作用　工具の溝などに詰まった切りくずや切れ刃周辺の微細な切りくずを洗い落として, 刃部の欠損や仕上げ面に傷が付くことを防ぐ。

1 不水溶性　**2** 水溶性　**3** 粘度

4 脂肪油分　**5** 環境衛生

6 労働安全衛生法

9 ①　主分力　②　背分力　③　送り分力

1 切削抵抗　**2** 動力　**3** 切れ味

4 切削条件　**5** 主分力　**6** 背分力

7 変形　**8** 加工精度

10 **1** 工作物　**2** 切削工具　**3** 減少

　　4 大きく　**5** 減少　**6** 主分力

5　工作機械の構成と駆動装置　(p.77)

1 **1** モータ　**2** 歯車　**3** ベッド

　　4 鋳造構造　**5** 滑り案内面

　　6 転がり案内面　**7** 静圧案内面

　　8 連続　**9** 円筒ころ　**10** 円すいころ

　　11 台形ねじ　**12** ボールねじ

　　13 バックラッシ

2 **1** 連続的　**2** 電圧　**3** 周波数

　　4 無段階式駆動装置　**5** 歯車式駆動装置

　　6 速度列　**7** 1260　**8** 432　**9** 11

第7章　砥粒加工

1　砥粒加工の分類　(p.79)

1 **1** 20世紀　**2** 人造砥粒　**3** 砥粒加工

　　4 固定砥粒加工　**5** 遊離砥粒加工

　　6 砥石車　**7** 研削　**8** 研磨

2　研　削　(p.79)

1 **1** 砥石車　**2** 砥粒　**3** 切れ刃

　　4 焼入れ　**5** 研削盤　**6** 平面研削盤

　　7 磁気チャック　**8** 円筒研削盤

　　9 心なし研削盤　**10** 内面研削盤

　　11 往復運動　**12** トラバース研削

　　13 プランジ研削　**14** 加工精度　**15** 能率

　　16 大量生産

2 ふつうの切削工具では, 切れ刃が欠損すると, 切削を続けることができなくなるが, 砥石車では, 切れ刃に相当する砥粒が次々と新しく現れて加工を続けることができる。この現象を切れ刃の自生作用という。

3 **1** 研削作用　**2** 材質　**3** 安全

4 限界　**5** 1700　**6** 2000　**7** $\dfrac{1}{100}$

8 $\dfrac{1}{2} \sim \dfrac{3}{4}$　**9** $\dfrac{1}{4} \sim \dfrac{1}{2}$

10 わずか　**11** 0.04　**12** 0.01

13 研削割れ　**14** 研削油剤　**15** 冷却作用

16 流し去る

3 砥石車　(p.81)

1　1 砥粒　2 結合剤　3 気孔
　　4 3要素　5 砥粒　6 結合剤
　　① 砥粒　② 結合剤　③ 気孔
2　1 結合度　2 結合剤
　　3 人工ダイヤモンド　4 アルミナ
　　5 炭化ケイ素　6 粗粒
　　7 一般研磨用微粉　8 精密研磨用微粉
　　9 砥粒の大きさ　10 粗粒　11 F36 〜 F80
　　12 26　13 硬さ　14 力　15 G〜P
　　16 0〜25　17 粗密　18 5〜7　19 密
3　(1) 目こぼれ　(2) 目つぶれ　(3) 目づまり
工具名…ドレッサ

4 いろいろな研削・研磨　(p.82)

1　1 工具研削　2 工具研削盤
　　3 万能工具研削盤　4 ドリル研削盤
　　5 超硬工具研削盤　6 シリンダ　7 内面
　　8 圧力　9 往復　10 回転　11 往復
　　12 あや目　13 自生作用　14 精密中ぐり
　　① 工作物　② 砥石　③ ホーン
2　1 砥石　2 微小振動　3 軸方向
　　4 自生作用　5 研削　6 3000　7 鏡面
　　8 自生作用　9 電解

5 遊離砥粒による加工　(p.83)

1　1 精密　2 球面　3 ラップ　4 砥粒
　　5 ラップ　6 相対運動　7 加工精度
　　8 湿式法　9 乾式法　10 ラップ剤
　　11 転動　12 多く　13 梨地状
　　14 埋め込まれた　15 ハンドラッピング
　　16 マシンラッピング　17 研磨布
　　18 ポリシング　19 複雑
2　1 砥粒　2 加工液　3 超音波振動
　　4 衝突　5 破砕　6 超硬合金
　　7 硬くてもろい

第8章　特殊加工と三次元造形技術

1 特殊加工　(p.84)

1　1 光　2 流体　3 非接触
　　4 微細加工　5 硬さ　6 集中
　　7 少なく　8 形状
2　1 放電加工　2 電子ビーム加工
　　3 レーザ加工　4 液体ジェット加工
　　5 ブラスト加工　6 電解加工
　　7 化学研磨　8 フォトリソグラフィー

2 熱的な加工　(p.84)

1　1 アーク放電　2 工具電極　3 電圧
　　4 熱　5 非接触　6 工作物
　　7 小さく　8 硬さ　9 形彫り放電加工
　　10 ワイヤ放電加工　11 数値制御
　　12 金型製作　13 容易　14 微細加工
　　15 加工効率　16 溶融再凝固層
　　17 アーク放電　18 輪郭　19 自動結線機能
　　20 自動的　21 無人化
2　1 位相　2 エネルギー密度　3 蒸発
　　4 照射時間　5 熱処理　6 溶接
　　7 蒸発　8 除去　9 照射条件
　　10 工具摩耗　11 切断　12 穴あけ
　　13 溶接　14 レーザマーキング
　　15 自己冷却　16 人工的　17 単色光
　　18 指向性　19 コヒーレント　20 干渉性
　　21 連続発振　22 パルス発振　23 高速
　　24 ピーク出力　25 微細加工
　　26 レーザ媒質　27 CO_2 分子　28 YAG 結晶
　　29 増幅　30 気体レーザ　31 半導体レーザ
　　32 固体レーザ
3　1 運動エネルギー　2 熱エネルギー
　　3 電子銃　4 収束　5 走査　6 減少
　　7 真空中　8 微小なスポット　9 大きい
　　10 深く　11 狭い　12 小さい
　　13 高融点材料　14 自己冷却　15 溶融
　　16 凝固　17 鏡面仕上げ　18 焼入れ

3 化学的な加工　(p.87)

1　1 陰極　2 陽極　3 電気化学的
　　4 加工変質層　5 電気抵抗　6 銅
　　7 電解液中　8 すきま　9 小穴
　　10 電解溶出　11 洗い流し　12 硬度
　　13 困難　14 電流値　15 高速
　　16 鏡面仕上げ

第10章　生産計画・管理と生産の効率化

1　生産計画と管理　(p. 98)

1　1　価格　2　時期　3　品質
　　4　生産計画　5　管理　6　品質　7　納期
　　8　原価　9　生産管理　10　実施　11　Do
　　12　確認　13　Check　14　処置　15　Act
　　16　PDCA　17　Man　18　機械
　　19　Machine　20　Material　21　Method
　　22　Money　23　5M　24　機能設計
　　25　生産設計　26　再資源化　27　JIS
　　28　設計手法　29　評価基準　30　受注
　　31　少品種　32　少品種多量

2　(1)　最新の技術と流行を先取りできる製品か。
　　(2)　製品の需要量や競合品の有無など市場の状況
　　　　はどうか。
　　(3)　消費者が求めている品質の製品か。
　　(4)　生産に要する施設や設備と生産技術があるか。
　　(5)　販売価格と販売方法をどのようにするか。
　　(6)　資金の調達の見込みはあるか。

3　1　資料　2　直接消費者　3　販売
　　4　AI

4　1　信頼性　2　生産設計　3　工作
　　4　原価　5　外観　6　色彩

5　1　ロット生産
　　2　製品を個別に完成させる。
　　3　同一製品または部品を継続して大量生産す
　　　　る。
　　4　航空機　5　タービン　6　カム軸
　　7　歯車　8　鋼材(形材または板材)

6　1　注文　2　生産計画　3　効率的
　　4　経済的　5　品質　6　作業者
　　7　設備　8　工具

7　1　製造手順　2　手順計画　3　機械
　　4　人員　5　工数計画　6　生産能力
　　7　使用材料　8　手順計画　9　工数計画
　　10　多品種少量生産　11　遊ばせない
　　12　NC工作機械

8　1　前後関係　2　時間　3　開始時点
　　4　必要な時間

9　1　標準化　2　工程　3　機械　4　工具
　　5　作業時間

10　1　作業動作　2　作業方法　3　工程分析
　　4　工程研究　5　工程

11　1　日程計画　2　設計　3　工程計画
　　4　出荷　5　総合計画表　6　対比

　　7　対策　8　生産統制　9　連絡　10　収集

2　生産を支える管理システム　(p. 102)

1　1　調達　2　購入　3　安く　4　調達

2　1　準備　2　完成　3　保管　4　在庫
　　5　常備品　6　非常備品　7　常備品
　　8　出庫　9　非常備品　10　安全
　　11　倉庫管理　12　定期発注方式
　　13　定量発注方式　14　調達日数
　　15　保管経費

3　1　もの　2　場所　3　時期
　　4　運搬管理　5　時間　6　労力　7　回数
　　8　単純　9　運搬作業　10　経路　11　通路
　　12　運搬設備　13　教育　14　運搬経路図
　　15　運搬工程分析図　16　運搬分析表

4　1　検査　2　整備　3　故障　4　生産
　　5　寿命　6　けが　7　定期的
　　8　予防保全

5　1　工具　2　製造　3　保管　4　整備

6　1　計算　2　分析　3　利益　4　業績
　　5　設定　6　PDCAサイクル

7　1　工場原価　2　素材費　3　購入部品費
　　4　工場消耗品費　5　備品費　6　賞与
　　7　手当　8　租税　9　電気料
　　10　販売原価　11　販売費　12　一般管理費
　　13　利益　14　材料費　15　労務費　16　経費

8　1　変動費　2　固定費　3　一定
　　4　増加　5　減少　6　一定　7　増やし
　　8　下げる　9　下げる　10　損益分岐点

9　1　個別原価計算　2　総合原価計算
　　3　個別原価計算　4　総合原価計算
　　5　販売価格　6　財務諸表　7　生産方法
　　8　直接費　9　間接費

3　品質管理と検査　(p. 104)

1　1　品質　2　quality　3　品質　4　標準
　　5　検査

2　品質管理を効果的に実施するために，製品の生
　　産部門だけでなく，製品企画，研究・開発，検査，
　　販売およびアフターサービスまでの企業活動全般
　　にわたって，経営者をはじめ作業者にいたる全員
　　の参加と協力のもとで行う品質管理をいう。

3　1　産業標準化法　2　適合性　3　製品
　　4　品質管理体制　5　ISO9000
　　6　品質管理　7　認証　8　信頼性

4　1　設計品質　2　高　3　価格　4　数値
　　5　品質標準　6　故障　7　信頼性
　　8　安全　9　品質特性

5 1 良否 **2** 合格 **3** 不合格 **4** 検査

 5 品質標準 **6** 測定 **7** 統計的

 8 品質管理

6 1 幅 **2** 作業者 **3** 気温

 4 ばらつき **5** 生産 **6** 管理 **7** 均一

7 1 原因 **2** 改善 **3** 生産

 4 品質 **5** 全数検査 **6** 抜取検査

 7 ばらつき

8 1 品質 **2** 安定 **3** 保持 **4** 管理図

 5 正規分布 **6** 上方管理限界

 7 下方管理限界 **8** 3シグマ法

9 1 $\bar{x}$ **2** R **3** 安定 **4** ヒストグラム

 5 上限 **6** 下限 **7** 製造工程 **8** 原因

 9 上限 **10** 下限 **11** 平均値 **12** 小さく

10 1 状態 **2** 管理限界 **3** 原因

 4 処置

11 (1) プロットした点が限界線外に出た場合

 (2) 中心線の片側に連続する場合

 (3) 周期的に上下する場合

 (4) 連続的に上昇したり下降したりする場合

 (5) しばしば限界線に接近する場合

12 (1) 作業指導票の不備

 (2) 測定器の定期検査方法の欠陥

 (3) 材料の受入れ検査または保管の不備

 (4) 工具の不適当

4 安全と環境管理 (p. 108)

1 1 排除 **2** 防止 **3** 安全管理

 4 従業員 **5** 協力 **6** 確立

 7 労働安全衛生法 **8** 活動 **9** 組織的

 10 安全委員会 **11** 衛生管理者 **12** 改善

 13 予防 **14** 医師 **15** 医師

2 1 労働災害 **2** 不安全 **3** 標準作業

 4 安全教育 **5** 状態 **6** 使いかた

 7 不注意 **8** ヒヤリ

 9 不安全(危険)な行動 **10** 危険な状態

 11 災害防止運動 **12** 感性 **13** 危険要因

 14 安全意識 **15** 自動化 **16** 安全装置

 17 安全運動 **18** 機械設備

3 (1) 施設・設備は,安全基準の法規に従って整備する。

 (2) 機械・装置や工具などは,つねに保守・点検を行う。

 (3) 機械には安全装置を設け,回転部分にはカバーを取り付ける。

 (4) 必要な通路を確保し,物の置きかた・積みかたに注意して,よく整理・整とんする。

 (5) 採光・照明や温度・湿度・換気・騒音などの作業環境を改善する。

 (6) 危険な場所に近づかなくても作業ができるようにする。

 (7) 働きやすく,危険の少ない作業服や靴,安全帽・保護マスク・保護めがねなどを使用する。

4 1 環境管理 **2** 環境マネジメント

 3 PDCAサイクル **4** 事業者 **5** 安定化

 6 減量化 **7** ISO14000 **8** ISO14001

 9 環境マネジメントシステム **10** 経営

5 (1) 循環型社会 **2** リデュース

 3 リユース **4** リサイクル

 5 リデュース **6** 原料使用量

 7 使用エネルギー **8** リユース

 9 ユニット部 **10** リサイクル

 11 再生使用 **12** 熱利用 **13** リデュース

6 1 資源有効利用促進法 **2** 識別マーク

 3 種類 **4** 熱分解 **5** 単量体 **6** 燃焼

7 1 廃棄物 **2** 排出物 **3** 原材料

 4 原材料費

5 生産の効率化 (p. 111)

1 1 取付具 **2** 特定 **3** 工具案内部

 4 ジグ **5** 機械万力

 6 スクロールチャック **7** 短縮

 8 生産数量 **9** 製作費 **10** 多い

 11 費用 **12** 短く **13** 下が

2 1 けがき **2** 正確 **3** ジグ

 4 きりブシュ

3 1 汎用工作機械 **2** 単能工作機械

 3 機構 **4** 簡単 **5** 専用工作機械

 6 生産数量 **7** 精度 **8** 加工度

4 1 均一性 **2** 均一性 **3** 製造原価

 4 自己判断 **5** 自動化 **6** 品質

5 (1) 材料を供給するための機能

 (2) 工作物や工具などを交換および固定する機能

 (3) 加工に必要な切込みや送り,回転速度など加工条件を設定する機能

 (4) 寸法測定のための機能

6 加工サイクルは自動化されているが,工作物の取り付け・取りはずしは,人手によるものは半自動といい,加工サイクルとともに材料自動供給装置などによって工作物の取り付け・取りはずしも自動化されたものを全自動という。

別冊解答の構成と使い方

　別冊解答は，ポイントチェックの解答と，EXERCISE・演習問題・章末問題の各問題の解答と解説から構成されています。

　学習事項の理解を深めるために，解答・解説のほかに Keypoint を掲載しています。

Keypoint　特に重要な事項や解法のポイントを簡潔にまとめました。

中学理科の復習　　　　〈p.3〉

確認問題

(1) 細胞
(2) 核
(3) 細胞膜
(4) 葉緑体
(5) 液胞
(6) タンパク質
(7) 消化酵素
(8) 二酸化炭素
(9) 酸素
(10) 蒸散
(11) 呼吸

(12) 水
(13) 単細胞生物
(14) 組織
(15) 細胞分裂
(16) 体細胞分裂
(17) 染色体
(18) 形質
(19) 遺伝子
(20) 生殖細胞
(21) 減数
(22) DNA(デオキシリボ核酸)

(23) ア　動脈
　　 イ　静脈
(24) ア　動脈血
　　 イ　静脈血
(25) 毛細血管
(26) ア　ヘモグロビン
　　 イ　酸素
(27) 白血球
(28) 血小板
(29) 血しょう
(30) 組織液

(31) 尿素
(32) 腎臓
(33) ア　被子植物
　　 イ　裸子植物
(34) シダ植物
(35) 食物連鎖
(36) 生産者
(37) 消費者
(38) 分解者
(39) 循環

1章　生物の特徴

1　顕微鏡の使い方

〈p.4 ～ 5〉

ポイントチェック

(1) ア　接眼レンズ
　　イ　鏡筒
　　ウ　レボルバー
　　エ　対物レンズ
　　オ　ステージ
　　カ　しぼり
(2) 反射鏡
(3) 調節ねじ
(4) ステージ
(5) レボルバー
(6) しぼり
(7) 1000 μm
(8) 0.001 μm
(9) 分解能
(10) 0.1 mm
(11) 0.2 μm
(12) ア　ゾウリムシ
　　イ　赤血球
　　ウ　ウイルス
(13) 対物ミクロメーター

EXERCISE

1
①→③→④→⑤→②
2
(1) ④
(2) ④
3
(1) 8 μm
(2) 216 μm
(3) ②
4
④ → ⑧ → ⑥ →
③ → ⑦ → ① →
⑤ → ②

E X E R C I S E ▶解説◀

1　観察するときは，まず低倍率でピントを合わせ，観察したい部分を視野の中央へ移動させてから，レボルバーを回して高倍率にする。なお，顕微鏡にレンズを取り付ける際は，はじめに接眼レンズを取り付け，その後に対物レンズを取り付ける。

2　一般的な光学顕微鏡で見える像は倒立している。プレパラートを動かすと，視野中のものは上下・左右とも逆方向へ移動する。

Keypoint
一般的な光学顕微鏡の観察像は上下・左右とも逆転している。

3　(1)　図1より，接眼ミクロメーター25目盛りと対物ミクロメーター20目盛りが一致しているので

接眼ミクロメーター1目盛りの長さ(μm)

$$= \frac{対物ミクロメーターの目盛り数 \times 10 \,(\mu m)}{接眼ミクロメーターの目盛り数}$$

$$= \frac{20 \times 10 \,(\mu m)}{25} = 8 \,(\mu m)$$

なお，接眼ミクロメーター5目盛りと対物ミクロメーター4目盛りでも一致しているので，これらで計算してもよい。

(2)　図2より，ゾウリムシは接眼ミクロメーター27目盛り分の大きさなので

$$8\,(\mu m) \times 27 = 216\,(\mu m)$$

(3)　対物ミクロメーターは，観察物と同じように見えるので，高倍率では接眼ミクロメーターの1目盛りの長さは短くなる。

Keypoint
接眼ミクロメーター1目盛りの長さ(μm)

$$= \frac{対物ミクロメーターの目盛り数 \times 10 \,(\mu m)}{接眼ミクロメーターの目盛り数}$$

4　④水素原子(約0.1 nm)＜⑧インフルエンザウイルス(約100 nm)＜⑥大腸菌(約3 μm)＜③ヒトの赤血球(約8 μm)＜⑦ヒトの卵(約140 μm)＜①ゾウリムシ(約200 μm)＜⑤メダカの卵(約1 mm)＜②ニワトリの卵(約30 mm)。

E X E R C I S E

5
ア　進化
イ　細胞
ウ　代謝
エ　ATP
（アデノシン三リン酸）
オ　遺伝情報
カ　DNA
（デオキシリボ核酸）
6
ア　細胞膜
イ　核
ウ　真核
エ　細胞小器官
オ　原核
7

記号	名称
(1)	エ	細胞膜
(2)	イ	核
(3)	ア	ミトコンドリア
(4)	カ	葉緑体
(5)	ウ	細胞質基質
(6)	キ	細胞壁
(7)	オ	液胞

E X E R C I S E ▶解説◀

5 地球上の生物は多様だが，それらはすべて細胞でできており，すべての細胞内に遺伝子の本体であるDNAがあり，ATPや酵素による代謝という共通のしくみをもっている。これらのことから，地球上のすべての生物は共通の祖先から進化してきたと考えられている。

6 原核細胞には核がなく，また，ミトコンドリアや葉緑体などの細胞小器官もない。動物細胞には細胞壁がない。葉緑体は植物細胞にのみ存在する。なお，液胞は植物細胞でよく発達しており，動物細胞にも存在する。

	真核細胞		原核細胞
	動物細胞	植物細胞	
核	+	+	−
細胞膜	+	+	+
細胞壁	−	+	+
葉緑体	−	+	−
ミトコンドリア	+	+	−

原核生物は一般に真核生物より小さい。動物，植物，菌類はすべて真核生物であり，細菌はすべて原核生物である。アメーバは特殊な細胞小器官が見られる単細胞生物なので真核生物，ネンジュモはシアノバクテリア（光合成を行う細菌）なので原核生物，大腸菌は細菌なので原核生物，アオカビは菌類なので真核生物である。なお，菌類の細胞の構造は，細胞壁が存在すること以外は，動物細胞と同じである。

7 原核細胞にも真核細胞にも共通して見られる構造は細胞膜と細胞質基質である。そのうち細胞内外の仕切りとなるのは細胞膜（エ）で，細胞小器官の間を埋めている液状の部分が細胞質基質（ウ）である。

原核細胞には真核細胞に見られるような核膜に包まれた明瞭な核（イ）はないが，DNAは存在し，細胞質基質中に広がっている。

呼吸の中心的な反応の場はミトコンドリア（ア）で，動物細胞と植物細胞の両方にある。光合成の場は葉緑体（カ）で，植物細胞にのみ見られる。細胞壁（キ）はセルロースを主成分とする丈夫な構造で，動物細胞にはない。

植物細胞で発達している液胞（オ）は，内部に糖やアミノ酸，無機塩類などを含む細胞液で満たされている。細胞によっては，細胞液にアントシアンとよばれる赤色や紫色などの色素を含む場合もある。

Keypoint

すべての生物に共通する細胞内の構造・物質は，細胞膜，細胞質基質，DNAである。

ポイントチェック

(1) 水
(2) タンパク質
(3) 核酸
(4) DNA(デオキシリボ核酸), RNA(リボ核酸)
(5) 無機塩類
(6) 単細胞生物
(7) 多細胞生物
(8) 組織
(9) 器官
(10) 好気性細菌
(11) シアノバクテリア
(12) 好気性細菌
(13) 細胞内共生説

E X E R C I S E

8
(1) ア　水
　　イ　タンパク質
(2) ③
(3) 脂質
(4) 炭水化物
(5) 遺伝物質, タンパク質合成への関与

9
(1) ア　単細胞生物
　　イ　多細胞生物
　　ウ　細胞小器官
　　エ　組織
　　オ　器官
(2) 原核細胞…⑤, ⑧
　　真核細胞…
　　　　　①, ③, ⑥
(3) ゾウリムシ…繊毛
　　ミドリムシ…
　　　　　　　べん毛
(4) 根, 茎, 花, 葉

E X E R C I S E ▶解説◀

8 動物細胞を構成する物質の割合は, 水＞タンパク質＞脂質＞炭水化物＞核酸・無機塩類となる。植物細胞は, 水についで炭水化物(細胞壁の主成分)が多い。各物質のおもな役割は以下の通りである。

物質	おもな役割
水	物質を溶かす, 化学反応の場となる, 体内の急な温度変化を防ぐ
タンパク質	細胞構造の基本物質, 酵素や抗体の主成分
核酸(DNA, RNA)	遺伝物質(DNA), タンパク質合成に関与(RNA)
炭水化物	エネルギー源, 細胞壁の成分
脂質	エネルギー源, 細胞膜の成分
無機塩類	体液濃度の調節, 酵素の働きの補助

9 (1)(3) 真核生物における単細胞生物には, ゾウリムシのほか, ミドリムシやアメーバ, 酵母などがあり, 原核生物はすべて単細胞生物である。ゾウリムシとミドリムシの細胞内の特殊な細胞小器官については, おもな働きを覚えておこう。

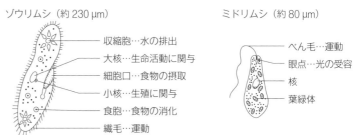

ゾウリムシ (約230μm)
- 収縮胞…水の排出
- 大核…生命活動に関与
- 細胞口…食物の摂取
- 小核…生殖に関与
- 食胞…食物の消化
- 繊毛…運動

ミドリムシ (約80μm)
- べん毛…運動
- 眼点…光の受容
- 核
- 葉緑体

(2) コレラ菌(⑤), 乳酸菌(⑧)は原核細胞からなる単細胞生物, アメーバ(①), ハネケイソウ(③), 酵母(⑥)は真核細胞からなる単細胞生物。ミジンコ(②), ヒドラ(④), メダカ(⑦)は真核細胞からなる多細胞生物である。

(4) 多細胞生物の組織や器官は, 以下のようにまとめることができる。

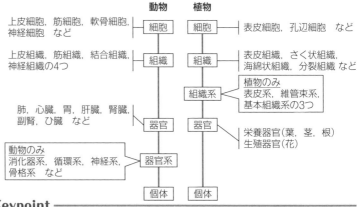

　　　　　　　　　　　　　　　動物　　植物

上皮細胞, 筋細胞, 軟骨細胞, 神経細胞 など — 細胞　細胞 — 表皮細胞, 孔辺細胞 など

上皮組織, 筋組織, 結合組織, 神経組織の4つ — 組織　組織 — 表皮組織, さく状組織, 海綿状組織, 分裂組織 など

組織系 — 植物のみ　表皮系, 維管束系, 基本組織系の3つ

肺, 心臓, 胃, 肝臓, 腎臓, 副腎, ひ臓 など — 器官　器官 — 栄養器官(葉, 茎, 根) 生殖器官(花)

動物のみ　消化器系, 循環系, 神経系, 骨格系 など — 器官系

個体　個体

Keypoint

動物は, 細胞→組織→器官→<u>器官系</u>→個体。

植物は, 細胞→組織→<u>組織系</u>→器官→個体。

▶解説◀

❶

(1) ①，②，④

(2) ⑤

(3) 5 μm

(4) ①

❶(1)　どの程度小さいものを観察できるかを分解能とよび，区別できる2点間の最小距離で示される。この値は，肉眼では約0.1 mm，光学顕微鏡では0.2 μmである。肉眼で観察できるのは⑥のメダカの卵だけであり，③インフルエンザウイルスは光学顕微鏡でも観察できない。一般的な動物細胞の大きさは約10 μmなので，目安として覚えておくとよい。

(2)　アントシアン（アントシアニン）は液胞に含まれている色素である。よって⑤が誤り。

(3)　まず接眼ミクロメーターの1目盛りの長さを求める。接眼ミクロメーターの20目盛りが対物ミクロメーターの50 μmに相当していることから，接眼ミクロメーターの1目盛りの長さは50 μm÷20目盛り＝2.5 μmである。ミトコンドリアの長さは，接眼ミクロメーターの2目盛りに相当することから，2.5 μm×2＝5 μmである。

(4)　細胞の構成成分は，水が最も多い。動物細胞では水に次いでタンパク質が多く，そのほか炭水化物やDNA・RNAなどの有機物が含まれている。よって①が正しい。

❷

(1) ・細胞構造をもつ
　　・遺伝物質として
　　　DNAをもつ
　　・エネルギーを利
　　　用する

(2) ア群：②，④，⑥
　　イ群：②，③，④，
　　　　　⑥
　　ウ群：②，④，⑤
　　エ群：②，③，④，
　　　　　⑤，⑥
　　オ群：①，③，⑤
　　　　　⑥

(3) 系統樹

(4) 自ら代謝を行わな
　　い，単独で増殖でき
　　ない，細胞構造をも
　　たない　など。

❷(1)(2)　現在，地球上には約214万種の生物が確認されているが，実際には数千万種の生物がいると考えられている。生物は多種多様であるが，古くから生物を分類することが試みられており，その中で生物を大きく5つのグループに分ける分類方法が五界説である。五界説では，まず生物を原核生物（オ群）と真核生物（ア〜エ群）に区分する。真核生物は，さらに「植物（ウ群）」「動物（ア群）」「菌類（イ群）」「原生生物（エ群）」の4つに分類される。真核生物で多細胞性のものは，陸上に適応した光合成を行う独立栄養生物の「植物」，他の生物を食べる従属栄養生物の「動物」，遺骸や排泄物など他の生物がつくった有機物を利用する従属栄養生物の「菌類」に分類される。残りは「原生生物」であるが，これはおもに単細胞性の生物を含むが，原核生物・植物・動物・菌類以外をすべて含めた分類群なので，ゾウリムシなどの単細胞生物からコンブのような大型の藻類まで多様な生物が含まれている。

(3)　生物の系統関係を，共通の祖先を起点として図に表したものを系統樹といい，樹木のような形となる。

(4)　ウィルスは，生物と無生物の中間の存在で，自ら代謝を行わず，他の生物の細胞に寄生して増殖する。多くはタンパク質の外殻と内部のDNA（もしくはRNA）からなり，細胞構造をもっていない。

❸

(1) ①, ⑤

(2) 原核生物 ②, ③, ④

 真核生物 ①, ⑤, ⑥

(3) ①, ③

❸(1) ATP はすべての生物に共通するエネルギー源で，エネルギー通貨ともよばれている。クロロフィルは，葉緑体に含まれる色素で，光合成に必要なエネルギーを吸収する働きがある。セルロースは，グルコースが直鎖状に結合し，互いに水素結合により強い繊維となった物質で，植物の細胞壁の主成分である。ヘモグロビンは，赤血球に含まれるタンパク質で，酸素を運搬する働きがある。水は，生物の細胞に最も多く含まれている物質で，さまざまな物質を溶かし，生体内の化学反応の仲立ちとなると同時に，温度変化を抑える働きをもっている。

(2) 細胞は，すべての生物の基本的な構成単位である。細胞は，核をもたない原核細胞と，核をもつ真核細胞に分けられる。真核細胞には，核の他，ミトコンドリアなどの細胞小器官がみられ，一般に原核細胞より大きいのが特徴である。

　生物基礎で扱われるおもな原核生物と真核生物には，下表のようなものがある。

　なおこれらの分類には例外も多く存在する。例えばミドリムシは，葉緑体をもち光合成を行うが，光がない環境では食胞が発達し，有機物を取り込んで生活する。

(3) 単細胞生物の体は，1 つの細胞からできており，細胞内には生命活動に必要なさまざまな構造がみられる。一方，多細胞生物の体は，いろいろな形や働きをもつ細胞が集まってできている。

　ネンジュモ(④)，結核菌(⑥)は原核生物で，オオカナダモ(②)，ヒドラ(⑤)，アオカビ(⑦)は真核細胞からなる多細胞生物である。

	原核生物 （単細胞生物）	真核生物	
		単細胞生物	多細胞生物
従属栄養生物	大腸菌 乳酸菌 結核菌 肺炎双球菌　など	酵母 アメーバ ゾウリムシ　など	ヒドラ アオカビ ショウジョウバエ メダカ ヒト　など
独立栄養生物	シアノバクテリア （ネンジュモ，ユレモ，イシクラゲなど） ※シアノバクテリアは，光合成を行う原核生物の総称	ミドリムシ ハネケイソウ ミカヅキモ　など	シャジクモ オオカナダモ ススキ イタドリ ブナ　など

4 代謝とエネルギー

ポイントチェック

(1) 代謝
(2) 同化
(3) 異化
(4) 光合成
(5) 呼吸
(6) 独立栄養生物
(7) 従属栄養生物
(8) ATP
(9) アデノシン三リン酸
(10) ADP
（アデノシン二リン酸）
(11) 高エネルギーリン酸結合
(12) 物質の合成，運動，発電などから2つ
(13) 異化（呼吸）

EXERCISE

10
(1) ア　代謝
　　イ　同化
　　ウ　異化
　　エ　二酸化炭素
　　オ　光合成
　　カ　呼吸
　　キ　ATP（アデノシン三リン酸）
(2) 独立栄養生物
(3) 従属栄養生物
(4) ①：B　②：B
　　③：A　④：B
　　⑤：C　⑥：A
　　⑦：A

11
(1) アデノシン三リン酸
(2) A　アデニン
　　B　リボース
　　P　リン酸
(3) アデノシン
(4) 高エネルギーリン酸結合
(5) ADP
（アデノシン二リン酸）

12
　③，⑤，⑥，⑧

EXERCISE ▶解説◀

10 自分で無機物から有機物を合成できる生物を独立栄養生物という。タンポポ（植物）やイシクラゲ（シアノバクテリア）は，光エネルギーを用いて，水と大気中の二酸化炭素から有機物（グルコース）を合成する光合成を行うので，独立栄養生物である。また，ミドリムシはべん毛をもつなどの動物的性質をもつが，葉緑体をもち光合成を行うため，独立栄養生物に分類される。
　一方，大腸菌（細菌類），ゾウリムシ，酵母（菌類）は有機物を外から取り入れ，それをもとに必要な有機物をつくるので，従属栄養生物である。
　エイズウイルスは完全な生物とはいえないため，独立栄養生物，従属栄養生物のどちらにもあてはまらない。

11 (1)(2)(3)　ATP（アデノシン三リン酸）はアデニンとリボースが結合したアデノシンに，リン酸が3つ結合した構造となっている。
(4)(5)　ATPのリン酸どうしの結合を高エネルギーリン酸結合といい，この結合には多くのエネルギーが蓄えられている。ATPが分解されてリン酸が1つとれるとADP（アデノシン二リン酸）となり，多量のエネルギーが放出される。なお，生じたADPは再利用され，ただちにエネルギーを吸収してリン酸と結合し，ATPとなる。

Keypoint

ATP の構造

12 ①　正しい。すべての生物の生命活動に用いられる。
②　正しい。さまざまな生命活動におけるエネルギーの受け渡しの役割を担っている。
③　誤り。塩基はアデニンが1つのみで，リン酸が3個結合している。
④　正しい。リン酸どうしをつなぐ2つの結合にエネルギーが蓄えられている。
⑤　誤り。ADPとリン酸からエネルギーを使って再合成される。
⑥　誤り。ATPは，化学エネルギーによって分解されるのではなく，分解するときにエネルギーを放出する。
⑦　正しい。呼吸や発酵などによって合成される。
⑧　誤り。筋収縮や発電などさまざまな生命活動に用いられる。

ポイントチェック

(1) 触媒
(2) 無機触媒
(3) 酵素(生体触媒)
(4) タンパク質
(5) 基質
(6) 基質特異性
(7) 変化しない
(8) 酸化マンガン(Ⅳ)
(9) カタラーゼ
(10) アミラーゼ
(11) ペプシン
(12) 呼吸
(13) 葉緑体
(14) 液胞
(15) アミラーゼ, マルターゼ, ペプシンなどの消化酵素から1つ

EXERCISE

13
ア　触媒
イ　酵素
ウ　基質
エ　タンパク質
オ　熱(高温)

14
(1) $2H_2O_2 \rightarrow 2H_2O + O_2$
(2) a, c
(3) a, c
(4) なし
(5) カタラーゼ
(6) アミラーゼ

15
(1) a ②　b ④
　　c ③　d ①
(2) ③, ⑤

EXERCISE ▶解説◀

13 触媒には, 無機物からなる無機触媒と, タンパク質からなり生体でつくられる酵素(生体触媒)がある。

酵素が作用する物質を基質という。酵素が基質に結合して作用を及ぼす部分(活性部位)の立体構造によって, 結合できる基質は決まっているため, 酵素は特定の基質にしか作用しない。このような性質を基質特異性という。

また, 酵素はタンパク質を主成分とするため, 高温(熱)やpH(酸・アルカリ)によってタンパク質の立体構造が崩れ, 変性すると, 酵素としての働きが失われてしまう。これを失活という。

14 (1)(2)(5) 過酸化水素(H_2O_2)は, 酸化マンガン(Ⅳ)またはカタラーゼによって, 水(H_2O)と酸素(O_2)に分解される。カタラーゼは細胞に含まれる酵素なので生レバーには含まれているが, だ液にはほとんど含まれていない。

(3) 問題文に「反応が見られなくなってから」とあるので, a と c の過酸化水素はすべて分解された状態となっている。触媒は, 反応の前後で変化しないので, 酸化マンガン(Ⅳ)とカタラーゼの触媒としての働きはそのまま保たれている。この状態で, 各試験管に再び過酸化水素水を加えると, 酸化マンガン(Ⅳ)と生レバーの入った試験管でのみ, 酸素の泡が発生する。

(4) 基質である過酸化水素がすべて分解された状態の試験管a・cに, 再び触媒を入れても, 分解反応は起こらない。したがって, どの試験管からも酸素は発生しない。

(6) だ液にはデンプンをマルトースに分解するアミラーゼが含まれている。

15 (1) 酵素には細胞内で作用するものと細胞外に出て作用するものがある。光合成に関する酵素は葉緑体に, 呼吸に関する酵素はミトコンドリアに, DNAを合成する酵素は核の中に含まれている。また, 細胞外で作用する酵素には, アミラーゼやペプシンなどの消化酵素がある。

(2) ①液胞にはさまざまな酵素が存在する。細胞の老廃物などは液胞に運ばれ, 酵素によって分解される。
②酵素の主成分はタンパク質である。
④酵素自身は化学反応の前後で変化しない。

Keypoint

酵素の性質
・主成分はタンパク質。
・反応の前後で自身は変化しない。
・特定の基質のみに作用する性質(基質特異性)がある。

ポイントチェック

(1) 葉緑体
(2) 光(光エネルギー)
(3) ATP
(4) CO_2, H_2O
(5) $C_6H_{12}O_6$, O_2
(6) ア 二酸化炭素
   イ 酸素
(7) イシクラゲ，ネンジュモなど
(8) ミトコンドリア
(9) 呼吸基質
(10) グルコース
(11) 二酸化炭素(CO_2), 水(H_2O), エネルギー(ATP)
(12) ア 酸素 イ 水
(13) ATP
(14) 熱, 光など

E X E R C I S E

16
(1) ア 光
   イ 二酸化炭素
   ウ 水 エ 酸素
   オ 光合成
   カ 葉緑体
(2) デンプン

17
(1) ア 酸素
   イ ATP
   ウ 呼吸
   エ ミトコンドリア
   オ 二酸化炭素
(2) 燃焼

18
(1) ア ④ イ ③
   ウ ② エ ①
   オ ④ カ ③
(2) ウ ②, ③, ⑤, ⑥
   エ ①, ②, ④, ⑥

19
光合成 ④
呼吸 ②
両方 ①, ③

E X E R C I S E ▶解説◀

16 光合成は，光エネルギーを用いて水を分解する反応やATPを合成する反応に続いて，二酸化炭素から有機物(グルコース)を合成する反応で，植物では葉緑体で行われる。

Keypoint

光合成の反応 　二酸化炭素 ＋ 水 ＋ 光エネルギー → 有機物 ＋ 酸素
　　　　　　　　(CO_2) 　(H_2O) 　　　　　　　　($C_6H_{12}O_6$) (O_2)

17 真核生物の呼吸はミトコンドリアで行われる。呼吸では，酸素を用いて有機物を二酸化炭素と水に分解し，その過程で取り出されるエネルギーを使ってATPを合成している。呼吸や光合成などの代謝では，酵素が反応を進めている。

Keypoint

呼吸の反応 　有機物 ＋ 酸素 → 　二酸化炭素 ＋ 水 ＋ エネルギー
　　　　　　($C_6H_{12}O_6$) (O_2) 　　　　(CO_2) 　(H_2O) 　(ATP)

18 (1) 光合成(ウ)では，光エネルギーを利用して，ADP＋リン酸(イ)からATP(ア)を合成する。ATPを分解して生じるエネルギーを利用して，無機物から有機物を合成する。呼吸(エ)では，有機物を分解して得られるエネルギーを利用して，ADP＋リン酸(カ)からATP(オ)を合成する。ATPを分解して生じるエネルギーは，生命活動に利用される。
(2) 光合成では葉緑体に含まれる酵素が，呼吸ではミトコンドリアに含まれる酵素が働き，それぞれの反応が進められている。そのため，⑥は，ウ，エどちらもあてはまる。

19 光合成や呼吸の過程は多くの化学反応から成り立っており，この反応の進行にはさまざまな酵素が関与している。
　光合成ではまず，光エネルギーを用いてATPを合成し，ATPを分解して得られるエネルギーを用いて有機物を合成している。つまり，光合成と呼吸の両方に，ATP合成の過程が含まれる。

❶

(1)　ア　燃焼
　　　イ　酵素
　　　ウ　呼吸基質

(2)

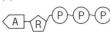

(3)　①　誤：酸素
　　　　　正：水
　　　②　誤：二酸化炭素
　　　　　正：酸素
　　　③　誤：ATP
　　　　　正：有機物
　　　④　誤：ー
　　　　　正：○
　　　⑤　誤：炭水化物
　　　　　正：タンパク質
　　　⑥　誤：リボース
　　　　　正：リン酸

❷

(1)　ア　CO₂
　　　イ　有機物
　　　反応Ⅰ　光合成
(2)　反応Ⅰ　①
　　　反応Ⅱ　③

▶解説◀

❶(1)　一般的に呼吸とは，動物が外界から酸素を取り入れて二酸化炭素を放出することをさすが，呼吸の本質は，細胞において取り入れた酸素を使って有機物を分解し，その時に生じるエネルギーによってATPを合成することである。このため，前者を「外呼吸」，後者を「内呼吸(細胞呼吸)」とよぶ。呼吸では，通常グルコースが呼吸基質として使われ，何種類もの酵素によって段階的に分解される。その過程でATPが合成され，最終的に二酸化炭素と水を生じる。一方，有機物が急激に酸化されて分解し，熱や光エネルギーとして放出される現象を燃焼という。これらの反応は，光エネルギーを使って二酸化炭素と水から有機物を合成する光合成と逆の反応である。ヒトが利用している化石燃料は，太古の植物などによって，太陽の光エネルギーが有機物中に化学エネルギーとして蓄えられたものである。ヒトはそれを掘り出して酸化させて分解し，おもに熱エネルギーの形で生活に利用している。

(2)　ATPは，アデニン(塩基)とリボース(糖)が結合したアデノシンに，3つのリン酸が結合した構造をしている。リン酸どうしの結合を高エネルギーリン酸結合よび，結合するときにエネルギーを必要とし，分離するときにエネルギーを放出する。

(3)　①植物細胞で行われる光合成は，二酸化炭素と水から有機物を合成する反応で，同時に酸素が発生する。

　②ミトコンドリアは呼吸の場であり，有機物が酸素を使って分解されてATPが合成され，その際に二酸化炭素と水が発生する。

　③動物や菌類などの従属栄養生物は，有機物を摂取して生命活動を行っており，直接ATPが取り込まれて利用されることはない。

　⑤酵素はタンパク質でできた触媒で，生体内でのさまざまな化学反応を調節している。

　⑥ATPは，末端のリン酸が1つ切り離されてADPとリン酸に分解され，多量のエネルギーが放出される。

❷(1)　植物の行う光合成は，光エネルギーを使って無機物の二酸化炭素と水から有機物を合成する反応で，同時に酸素が発生する。植物は，光合成を行う一方で，生命活動を行うため呼吸も行っており，自ら合成した有機物の一部を，酸素を使って分解し，エネルギーを取り出している。図の反応Ⅰは光合成を示しており，水と二酸化炭素から有機物と酸素が生じる。反応Ⅱは呼吸を示しており，有機物が酸素を使って分解され，二酸化炭素と水を生じる。

(2)　反応Ⅰの光合成では，太陽の光エネルギーが化学エネルギーとして有機物の中に蓄えられる。一方，反応Ⅱの呼吸では，有機物中の化学エネルギーが，ATP中の高エネルギーリン酸結合として蓄えられる。

❸
(1) タンパク質
(2) 基質特異性
(3) ④
理由：タンパク質が主成分であるゼラチンは，生のパイナップルに含まれるプロテアーゼによって分解されるため。
(4) ③

❹
(1) ④
(2) 反応の基質となる過酸化水素がすべて分解されているため。

❸ (1)(2) 酵素は，タンパク質でできた生体触媒で，自らは変化せず，特定の化学反応を調節する働きがある。酵素が作用する物質を基質といい，ある酵素は特定の基質のみに作用する性質をもっている。この働きを基質特異性といい，体内で生じる多くの化学反応は，さまざまな種類の酵素によって調節されている

(3)(4) ゼラチンは，動物の皮や骨などを煮出したもので，タンパク質が主成分である。煮魚をつくった鍋では，翌日煮汁が固まった煮こごりができるが，これもゼラチンの一種である。一方，寒天は，海藻のテングサやオゴノリなどの粘液質を煮出して凍結・乾燥させたもので，主成分は炭水化物である。プロテアーゼは，タンパク質を加水分解する酵素の総称で，パイナップルやパパイヤ，キウイフルーツなどに多く含まれている。生のパイナップルでゼラチンを使ってゼリーをつくろうとすると，プロテアーゼによってゼラチンが分解されてしまうため，固めることができない。しかし寒天を用いると，炭水化物にはプロテアーゼが作用しないため，ゼリーをつくることができる。

(4) 缶詰は，密封後に殺菌のため高温で処理される。このため缶詰のパイナップルではプロテアーゼが熱によって変性しているため，ゼラチンのタンパク質は分解されず，ゼリーをつくることができる。

❹ 過酸化水素(H_2O_2)は，常温で無色透明な液体で，殺菌剤や漂白剤として利用されている。生体では，細胞での代謝の際に発生するが，細胞膜やDNAなどを酸化損傷するため，有害な物質である。このため細胞にはカタラーゼという酵素が含まれており，過酸化水素を水と酸素に分解する。肝臓の細胞は，カタラーゼを多く含んでおり，酵素反応の実験ではよく使われる。酸化マンガン(Ⅳ)と石英砂は，いずれも無機物で，酸化マンガン(Ⅳ)は触媒として過酸化水素を分解する働きをもっているが，石英砂には触媒としての働きはない。このため実験1ではニワトリの肝臓と酸化マンガン(Ⅳ)を入れたものには気体の酸素が発生するが，石英砂を入れたものには気体は発生していない。

(1) 酵素は，自らは変化しないので，基質があれば反応を進行させる。実験2では，新たに過酸化水素が加えられているので，カタラーゼが反応して酸素が発生している。過酸化水素は，それ自体ではほとんど反応しないため，④が誤りとなる。

(2) 実験3では，既に基質である過酸化水素が分解されているため，酵素を含んだ肝臓を入れても反応は起こらない。

▶解説◀

❶
(1) ③, ④, ⑦
⑨, ⑫
(2) ②, ③, ⑥

❷
(1) ⑧
(2) ①, ②
(3) ⑤

❶(1) 原核細胞には，核のほか，ミトコンドリアなどの細胞小器官もみられない。一方，真核細胞には，さまざまな細胞小器官が存在する。細胞壁は，細胞膜の外側を覆う構造で，植物細胞と原核細胞にみられる。細胞壁の成分は，植物ではセルロース，原核細胞ではペプチドグリカンやタンパク質などである。ミトコンドリアは，動物細胞と植物細胞に共通して存在し，葉緑体は植物細胞にのみ存在する。

(2) 原核生物は，光合成を行わない従属栄養のバクテリア(細菌)や，光合成を行う独立栄養のシアノバクテリアなどに分けられる。バクテリアには大腸菌や乳酸菌，納豆菌などが含まれ，シアノバクテリアにはネンジュモやイシクラゲなどが含まれる。酵母は，酵母菌と表記されることもあるので細菌と間違えやすいが，単細胞性の真核生物である。アオカビやキノコの仲間は，真核生物の菌類に分類され，他の生物のつくった有機物を利用している。アメーバは，単細胞性の真核生物である。

❷(1) 図1は，10×10倍で顕微鏡を見たときの視野なので，実際のスライドガラス上にはこれを180度回転したものが置いてあることになる。この状態で対物レンズを40倍にすると，この像が4倍に大きく見えることになる。また倍率を上げると像全体は暗くなるので，⑧の図が正解となる。

(2) 赤血球の大きさは6〜9 μmで，光学顕微鏡で観察することができる。大腸菌は2〜3 μm，ミトコンドリアは一般的に数 μm 程度の大きさである。ヒトの卵は約140 μm，ゾウリムシは100〜300 μmなので，赤血球より小さなものは，大腸菌とミトコンドリアとなる。

(3) ①真核細胞は，染色体が核膜に包まれており，染色体はおもにDNAとタンパク質から構成されている。

②ミトコンドリアで行われる呼吸は，酸素を使って有機物を分解し，エネルギーを取り出す反応である。有機物が完全に分解されると，二酸化炭素と水が発生する。

③光合成は，光エネルギーを使って二酸化炭素と水から有機物を合成する反応である。

④ミトコンドリアでは，有機物中に蓄えられていた化学エネルギーが取り出されてATPが合成される。葉緑体で行われる光合成の反応は，まず光エネルギーによって水が分解されてATPが合成され，そのATPのエネルギーを使って有機物が合成される。

⑤葉緑体に含まれる色素は，光合成色素とよばれ，クロロフィルやキサントフィルなどがある。アントシアンは，植物に広く存在する水溶性の色素群で，赤や青，紫の色があり，果実や花の細胞でみられる。

❸
(1) ア　⑧
　　イ　④
　　ウ　⑥
　　エ　②
(2) ①
(3) ⑤
(4) ⑤

❸(1)　生物体内で起こるさまざまな化学反応を代謝という。代謝には，エネルギーを使って単純な物質から複雑な物質を合成する同化(光合成など)と，複雑な物質を分解してエネルギーを取り出す異化(呼吸など)がある。ATP は，アデニンとリボースが結合したアデノシンに，3 つのリン酸が結合した化学物質で，リン酸どうしの結合は高エネルギーリン酸結合とよばれ，エネルギーを蓄えている。リン酸が離れるときにエネルギーが放出され，筋肉の収縮や物質の合成などさまざまな生命活動に使われている。

(2)　①原核生物の細胞には核膜がないが，遺伝物質である DNA は細胞質基質に存在するので，正解。

②真核生物には核が存在し，ミトコンドリアなどの細胞小器官がみられるが，原核生物には細胞小器官はみられない。

③植物の細胞には細胞膜の外側に細胞壁がみられるが，動物細胞には細胞壁はみられない。

④細胞質基質は，核や細胞小器官以外の細胞内を埋めている部分をさし，原核細胞，真核細胞の両方に存在する。

⑤光合成は，二酸化炭素と水から有機物を合成する反応で，植物の他に，シアノバクテリアなどの生物も行っている。

(3)　1 個体には 6×10^{12} 個の細胞があり，それぞれが 1 時間あたり 3.5×10^{-11} の ATP を消費する。これに 24 時間をかけたものが求める値なので，

$6 \times 10^{12} \times 3.5 \times 10^{-11} \times 24 = 5040$ g ≒ 5 kg となる。

なお，問題文にある 1 個体が 5 kg であることや(Ⅰ)の条件は，この問いの答えを求めるときには必要ない値である。

(4)　デンプンは，グルコースが多数連結した物質である。酵母は，呼吸基質としてグルコースが必要であるが，デンプンを直接利用できない。一方，コウジカビは，酸素のある環境でデンプンをグルコースに分解し，それを栄養源としている。このため，溶液を酸素のある環境に置いておくと，コウジカビがデンプンをグルコースへ分解する。ヨウ素液はデンプンに反応する試薬なので，デンプンがグルコースへ分解されて無くなると反応しなくなる。次に，溶液を酸素の利用できない環境に置いておくと，酵母がグルコースを呼吸基質として分解し，二酸化炭素とエタノールが発生する。これをアルコール発酵という。これらの現象を利用すると，デンプンからエタノールを得ることができる。日本酒は，米のデンプンを原料として，コウジカビと酵母を利用してつくられている。酵母は，酸素が無い環境ではアルコール発酵を行うが，酸素がある環境では細胞内にミトコンドリアが発達して呼吸を行い，グルコースを二酸化炭素と水へと分解する。

2章　遺伝子とその働き

7　遺伝子の本体の解明　〈p.22〜23〉

ポイントチェック

(1) ある
(2) R型菌
(3) 形質転換
(4) グリフィス
(5) エイブリー
(6) 現れる
(7) バクテリオファージ(ファージ)
(8) ハーシー, チェイス
(9) ア　DNA
　　イ　タンパク質
(10) 大腸菌
(11) DNA
(12) DNA

EXERCISE

20
(1) ②
(2) ④
(3) ①
(4) ③
(5) ⑤
21
(1) ア　タンパク質
　　イ　DNA
(2) A　タンパク質
　　B　DNA
(3) DNA

EXERCISE ▶解説◀

20　R型菌がS型菌に変わることを形質転換という。

(1)　実験結果より, S型菌は検出されなかった(形質転換が起こらなかった)ので, S型菌の莢膜だけでは形質転換が起こらないと推定できる。

(2)　実験結果より, S型菌が検出された(形質転換が起こった)ので, 形質転換はS型菌のDNAによって起こったと推定できる。

(3)　実験結果より, S型菌が検出された(形質転換が起こった)ので, S型菌に含まれる何らかの物質によって形質転換が起こったことが推定される。ただし, この段階では, その物質が何かまでは特定できない。

(4)　実験結果より, S型菌は検出されなかった(形質転換が起こらなかった)ので, 形質転換はS型菌の構成物質の中では, DNA以外のもので起こらないと推定できる。

(5)　実験結果より, S型菌が検出された(形質転換が起こった)ので, 形質転換はS型菌の構成物質のうちタンパク質以外のもので起こると推定できる。

　なお, S型菌には病原性がありR型菌には病原性がないのは, 被膜をもっていないR型菌はマウスの免疫細胞に攻撃されてしまい長く生存できないが, 被膜をもつS型菌は免疫細胞からの攻撃を免れるため, マウス体内で生き残り増殖できるからである。

21　(1)　T2ファージが大腸菌に感染する際, DNAとタンパク質のどちらの物質が菌体内に入るかを調べるには, 実際にはP(DNAのみに含まれる元素)とS(タンパク質のみに含まれる元素)の放射性同位体(^{32}P, ^{35}S)が用いられる。T2ファージが大腸菌に付着すると, タンパク質の殻を残して, 中にあるDNAだけが菌体内に入る。

(2)　培養液をミキサーで撹拌しファージを振り落としていることから, 遠心分離後の上澄みにはT2ファージの殻が, 沈殿には大腸菌が含まれていると考えられる。したがって, 殻のタンパク質につけた目印の多くが上澄みで検出される。

(3)　T2ファージに感染された大腸菌では, 菌体内に入ったファージのDNAが複製され, 子ファージが多数つくられる。なお, 感染された大腸菌は死滅する。

Keypoint

ファージは自分のDNAを細菌内に注入して細菌の機能で増殖する。

ポイントチェック

(1) ヌクレオチド

(2) リン酸，塩基

(3) アデニン，チミン，グアニン，シトシン

(4) シャルガフの規則

(5) シトシン 20 %
　　チミン 30 %

(6) ワトソン，クリック

(7) 二重らせん構造

(8) 相補性

(9) 塩基対

(10) ア　T
　　 イ　C
　　 ウ　A

(11) 塩基配列

(12) TAACAAGGTT

EXERCISE

22

(1) ア　A
　　 イ　C
　　 ウ　T
　　 エ　G

(2) ③

(3) ④

(4) ②

(5) T　28 %
　　 G　22 %
　　 C　22 %

23

(1) シャルガフ

(2) ア　⑤
　　 イ　②
　　 ウ　④

(3) ②，④，⑤

(4) ①

EXERCISE ▶解説◀

22 (1)(2) DNA を構成している塩基の A（アデニン）は T（チミン）と，G（グアニン）は C（シトシン）と相補的に結合している。したがって，A と T の数，G と C の数はそれぞれ等しく，A＋G＝T＋C の関係が成り立つ。

(3)(4) DNA は遺伝子の本体で，二重らせん構造をしている。DNA の構造の基本単位であるヌクレオチドは，糖（デオキシリボース）と，それに結合するリン酸・塩基（A，T，G，C）からなる。(3)④の U（ウラシル）は RNA がもつ塩基である。

(5) 二重らせん構造の DNA では，塩基数の割合は A＝T，G＝C である。A が 28 %なので，T も 28 %となる。塩基の全量は 100 %であるから，残りは 100 %－（28 %＋28 %）＝44 %となる。G と C を合わせた数が 44 %ということになり，G と C は等しいので，G＝C＝22 %となる。

Keypoint

二重らせん構造の DNA の塩基数の関係は，
$$A+T+G+C=100\,\%,\quad A=T,\quad G=C$$

23 (1) シャルガフはさまざまな生物の組織で DNA の塩基組成を調べ，生物の種によって塩基の数の割合が異なるが，A と T，G と C の数の比はすべての生物で 1：1 となることを見いだした。この規則をシャルガフの規則という。表を見ると，ヒトのひ臓と肝臓の塩基数の割合はほぼ等しいことがわかる。一方，同じ肝臓でもヒトとウシといった違う種では，DNA に含まれる塩基数の割合は異なっている。

(2) DNA の塩基数の割合は，同じ生物種どうしではほぼ同じである。また，A：T＝1：1，G：C＝1：1 であるから，アはヒトのひ臓の T（30.4 %）とほぼ同じ割合，イはウシの肝臓の C（21.0 %）とほぼ同じ割合，ウはウシの肝臓の A（29.0 %）とほぼ同じ割合となる。

(3) 二重らせん構造の DNA では，A と T の数，G と C の数は等しいので，[T]を[A]に，[C]を[G]に置き換えて式が成り立つかどうかを確認する。

①[A]÷[G]＝[C]÷[T] は [A]÷[G]＝[G]÷[A] と置き換えることができる。式は成り立たない。

②[A]＋[C]＝[T]＋[G] は [A]＋[G]＝[A]＋[G] と置き換えることができる。式は成り立つ。

③（[A]＋[T]）／（[G]＋[C]）＝1 は （[A]＋[A]）／（[G]＋[G]）＝1 と置き換えることができる。式は成り立たない。

④（[A]＋[G]）／（[C]＋[T]）＝1 は （[A]＋[G]）／（[G]＋[A]）＝1 と置き換えることができる。式は成り立つ。

⑤[A]／[T]－[G]／[C]＝0 は [A]／[A]－[G]／[G]＝0 と置き換えることができる。式は成り立つ。

(4) ②体細胞の DNA の 4 種類の塩基は，同じ個体であれば，その細胞がどこの組織であったとしても，それぞれの数の割合は同じである。

③生物種が異なっていても，A：T，G：C の比は変わらない。

(1) 前期, 中期, 後期, 終期

(2) 中期

(3) 後期

(4) 間期

(5) 細胞周期

(6) S期(DNA合成期)

(7) G₁ 期

(8) G₂ 期

(9) 1

(10) 2

(11) 母細胞

(12) 娘細胞

(13) 半保存的複製

E X E R C I S E
24

(1) ア　細胞周期
　　イ　間

(2) c

(3) →解説参照

25

(1) G₁ 期　8.25 時間
　　S 期　10 時間
　　G₂ 期　1.75 時間

(2) 25 時間

26

(1) b → d → a →
　　f → e → c

(2) a　中期
　　d　前期

(3) ア

(4) 4

E X E R C I S E ▶解説◀

24 (1)(2)　間期は G₁ 期(DNA 合成準備期), S 期(DNA 合成期), G₂ 期(分裂準備期)の順に進む。DNA は S 期に複製され 2 倍に増加する。一般に, 間期は分裂期よりも長い時間を要する。

(3) 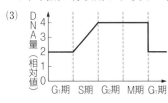　核 1 個あたりの DNA 量は, 間期の S 期に DNA の複製によって 2 倍となり, 細胞分裂の終期に半分に減少する。すなわち, 母細胞と娘細胞の DNA 量は等しくなる。

25 (1)　分裂期は平均 5.0 時間かかり, 観察できる各時期の細胞数は, その時期を通過する時間に比例することから, 各期に要する時間は以下のように計算することができる。

G₁ 期に要する時間を X 時間とすると,

100 個(分裂期) : 5 時間 = 165 個(G₁ 期) : X 時間

X = 8.25 時間

S 期に要する時間を Y 時間とすると,

100 個(分裂期) : 5 時間 = 200 個(S 期) : Y 時間

Y = 10 時間

G₂ 期に要する時間を Z 時間とすると,

100 個(分裂期) : 5 時間 = 35 個(G₂ 期) : Z 時間

Z = 1.75 時間

(2)　500 個の細胞が 1000 個に増殖するということは, 細胞が 2 倍に増殖することであり, 細胞周期 1 周期分の時間に相当する。よって, (1)より,

8.25 時間(G₁ 期) + 10 時間(S 期) + 1.75 時間(G₂ 期) + 5 時間(分裂期) = 25 時間

26 (1)(2)　a は, 棒状の染色体が赤道面付近に並んでいるので, 分裂期の中期であると判断できる。b は, 細い糸状の染色体が核内に広がっているので, 間期であると判断できる。c は, 2 個の核が見られ, その核内に細い糸状の染色体が広がっているので, 間期であると判断できる。d は, b に比べ, 染色体がやや太く短くなっているので, 前期であると判断できる。e は, ひも状の染色体が 2 つの集団に見られるので, 終期であると判断できる。f は, 染色体が両極に移動しているので, 後期であると判断できる。

(3)　相同染色体は同形・同大の染色体のことである。図の a より, エと同形・同大の染色体はア, イと同形・同大の染色体はウである。したがって, アとエ, イとウがそれぞれ相同染色体ということになる。

(4)　図の a(中期)を見ると, 太い染色体が 4 本ある。したがって, この植物の染色体数は 4 である。

❶
(1) ア　リン酸
　　イ　糖
　　ウ　塩基
　　エ　塩基
　　オ　糖
　　カ　リン酸
(2) デオキシリボース
(3) ⑤
(4) ④
(5) 33.3 %
(6) 22 %

▶解説◀

❶(1)(2)　DNA の構成単位であるヌクレオチドは，デオキシリボースという糖にリン酸と塩基が結合した構造をもち，2本のヌクレオチドの塩基どうしが向かい合い結合している。

(3)　DNA の二重らせん構造は，2本のヌクレオチド鎖が塩基間で，相補的に結合した構造になっている。したがって，2つの塩基が対になっていて，A と T，C と G が相補的に結合している⑤が正解となる。

(4)　二重らせん構造の DNA では，A と T，G と C の塩基数の割合はそれぞれほぼ等しいが，一部のウイルスなどにみられる1本鎖 DNA の場合はこの規則性がみられない。したがって，表より，この規則性から外れている④が1本鎖だとわかる。

(5)　A の数と T の数は等しく，G の数と C の数は等しい。A の数の割合を x（%）とおくと，A＋T＋G＋C＝100 % なので，

$$x + x + x/2 + x/2 = 100$$
$$3x = 100$$
$$x ≒ 33.3$$

(6)　問題文の情報を整理すると，以下のようになる。

X 鎖		Y 鎖	
60 %	$\begin{cases} A = T \\ T = A \end{cases}$	60 %	←2本鎖 DNA の全塩基に占める A および T の割合はいずれも 30 % なので，X 鎖，Y 鎖それぞれに占める（A＋T）の割合はいずれも 60 % となる。
18 %	C = G	18 %	← X 鎖の DNA の全塩基数の 18 % が C。
x %	G = C	x %	← 求める C の割合を x とおく。
計 100 %		100 %	

　以上より，Y 鎖 DNA の全塩基数における C の数を占める割合 x は，$x = 100 - (60 + 18) = 22$（%）となる。

❷

(1) 20 時間

(2) ア ②
　　イ ③
　　ウ ①

(3) (ⅰ) 1 時間
　　(ⅱ) 10 時間
　　(ⅲ) 5 時間

(4) →解説参照

---

❷(1)　細胞周期とは，間期と分裂期の周期的な繰り返しのことである。この問題の場合，グラフより，もとの細胞数が 2 倍になるところをさがして時間を読み取ればよい。A を見ると，50 時間培養して細胞数が 100（千個）となっている。また，70 時間培養した時点では細胞数が 200（千個）となっている。つまり，70（時間）－50（時間）＝20（時間）の培養で細胞が 100（千個）から 200（千個）と 2 倍になったことがわかる。

(2)　図 2 の C は，2 ＜ DNA 量＜ 4 なので，DNA が合成されている時期と考えられる。したがって C は S 期。B の DNA 量は 2，D の DNA 量は B の 2 倍量の 4 であることから，B は分裂期のあと次の DNA 合成開始までの時期，D は DNA 合成のあと分裂開始までの時期と分裂期の両方が含まれる。

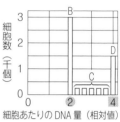

(3)　問題文より，測定した細胞 6000 個のうち分裂期の細胞は 300 個，DNA 合成の時期の細胞数は 1500 個である。また，図 2 より，分裂期のあと DNA 合成開始までの時期の細胞数は 3000 個であることがわかる。細胞周期の各期に要する時間はその時期の細胞数に比例するので，リード文にある式を利用して次のように求める。

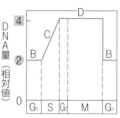

$t = T \times n/N$ より，

(ⅰ)分裂期（M 期）：20 時間× 300/6000 ＝ 1 時間

(ⅱ)合成開始までの時期（G_1 期）：20 時間× 3000/6000 ＝ 10 時間

(ⅲ)DNA 合成の時期（S 期）：20 時間× 1500/6000 ＝ 5 時間

(4)　(2)より図 2 の D は，DNA 合成のあとの分裂開始までの時期と分裂期の両方の細胞数を含むとあり，また(3)で分裂期の細胞数 300 個とあるので，分裂開始までの時期の細胞数は 1500 － 300 ＝ 1200 個となる。よって，DNA 合成のあとの分裂開始までの時期（G_2 期）：20 時間× 1200/6000 ＝ 4 時間

以上より，G_1 期（10 時間）→ S 期（5 時間）→ G_2 期（4 時間）→ M 期（1 時間）→ G_1 期（5 時間）で 25 時間分となる。

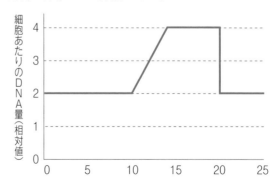

ポイントチェック

(1) タンパク質
(2) アミノ酸
(3) アミノ酸配列
(4) 20種類
(5) ウラシル(U)
(6) アデニン(A)
(7) 1本鎖
(8) リボース
(9) 転写
(10) UACG
(11) 翻訳
(12) 3つ
(13) セントラルドグマ
(14) 発現(遺伝子の発現)
(15) パフ
(16) 分化

E X E R C I S E

27
DNAのみ　①, ③, ④,
　　⑥
RNAのみ　②, ⑤, ⑦,
　　⑧
両方　⑨, ⑩, ⑪, ⑫

28
(1)　ア　転写
　　イ　翻訳
(2)　3つ
(3)　ⓐ　mRNA
　　ⓑ　C
　　ⓒ　U
　　ⓓ　A
　　ⓔ　T
　　ⓕ　G
(4)　3個

29
(1)　c
(2)　パフ
(3)　mRNA
(4)　メチルグリーン・
　　ピロニン染色液
(5)　する

E X E R C I S E ▶解説◀

27　DNAとRNAの違いは，次の通りである。

核酸	DNA	RNA
糖	デオキシリボース	リボース
塩基	A・T・G・C	A・U・G・C
構造	2本鎖(二重らせん構造)	1本鎖
働き	遺伝情報を担う	タンパク質合成に働く

28　(1)　DNAの二重らせんのうち，一方の鎖の塩基配列を鋳型として
mRNAが合成されることを転写といい，転写によって合成された
mRNAの塩基配列をもとにアミノ酸が並べられ，それらが結合してタ
ンパク質が合成されることを翻訳という。タンパク質の合成は，転写と
翻訳の2つの過程からなる。

(2)　アミノ酸1個は，mRNAの連続する3つの塩基により指定される。3
つの塩基の並び方によって，対応するアミノ酸が決まっている。

(3)　ⓐは転写によって合成されたmRNAである。ⓑはGと相補的なC，
ⓒはAと相補的なUがあてはまる。ⓓ〜ⓕはほどけた一方のDNAな
ので，ⓓはTと相補的なA，ⓔはAと相補的なT，ⓕはCと相補的な
Gとなる。

(4)　図のⓐは9塩基あるので，3塩基で1個のアミノ酸を指定すると，最
大で9÷3＝3個のアミノ酸を指定することができる。

Keypoint
DNAどうしの塩基の対応関係は，AとT，GとC。
DNAとRNAの塩基の対応関係は，AにU，TにA，GにC，CにG。

29　(1)　ユスリカやショウジョウバエの幼虫のだ腺の細胞に見られるだ
腺染色体は，通常の染色体の100〜150倍も大きく，光学顕微鏡でも観
察しやすい。だ腺は幼虫の3節目から4節目のあたりにある。だ腺を取
り出すときは，ユスリカの幼虫の頭部を柄付き針で刺し，ピンセットで
5節目あたりをつかんで引き抜く。

(2)(3)　だ腺染色体の一部が膨らんだパフでは，DNAがほどけて転写がさ
かんに行われ，mRNAが合成されている。

(4)　解答はピロニン・メチルグリーン染色液でもよい。DNAはメチルグ
リーンにより青緑色に染色され，RNAはピロニンにより赤桃色に染色
される。

(5)　パフは転写がさかんに行われている遺伝子の位置を示している。パフ
の位置や数が成長にしたがって変化していくことから，各細胞の発現す
る遺伝子も成長にしたがって異なることがわかる。

11 遺伝情報とタンパク質の合成② 発展

ポイントチェック

(1) アミノ基，カルボキシ基，水素原子
(2) 側鎖
(3) ペプチド結合
(4) ポリペプチド
(5) mRNA(伝令RNA)
(6) 転写
(7) RNAポリメラーゼ(RNA合成酵素)
(8) 翻訳
(9) tRNA(転移RNA)
(10) 核
(11) コドン
(12) アンチコドン
(13) リボソーム

EXERCISE
30
(1) ア S(DNA合成)
　　イ 転写
　　ウ m(伝令)
　　エ 翻訳
　　オ 3
　　カ 1
　　キ t(転移)
　　ク セントラルドグマ
　　ケ 核
　　コ リボソーム
(2) サ C　シ A
　　ス G　セ T
　　ソ G　タ A
　　チ U
(3) コドン
(4) アンチコドン
(5) ツ セリン
　　テ リシン
　　ト イソロイシン

31
(1) 50個
(2) ⑤

EXERCISE ▶解説◀

30 (1)(3)(4) 真核生物の転写は核内で行われる。DNAの二重らせんがほどけ，どちらか一方の鎖が鋳型となってRNAが合成される。RNAの合成にはRNAポリメラーゼ(RNA合成酵素)という酵素が働く。DNAから転写されたRNAはmRNAの前駆体であり，タンパク質の情報を含まない領域を含んでいる。この領域はスプライシングという過程で除去され，mRNAが合成される。核内で合成されたmRNAは核膜孔を通って細胞質へ移動する。細胞質に出たmRNAには多数のリボソームが結合し，翻訳が行われる。mRNAのコドンと相補的な塩基配列(アンチコドン)をもつtRNAが，特定のアミノ酸を付着した状態でmRNAに結合する。このとき，アミノ酸どうしがペプチド結合することによってタンパク質が合成されていく。

(2) DNAの2本鎖のうち，鋳型となる鎖は合成されるタンパク質によって異なるので注意する。この問題の場合，RNAの塩基の並びが，上のDNA鎖のTをUに置き換えた形になっている。つまり，下のDNA鎖を転写したことになる。

DNAどうしの塩基の対応関係は，AとT，GとCであり，DNAとRNAの塩基の対応関係は，AにU，TにA，GにC，CにGとなる。またRNAどうしの塩基の対応関係は，AとU，GとCである。

(5) 表1には，一部のコドンとそれに対応するアミノ酸が示されている。実際には20種類のアミノ酸のそれぞれに対応するコドンがある。コドンとアミノ酸の対応関係を示した表を遺伝暗号表(コドン表)という(下表)。

		2番目の塩基				
		U	C	A	G	
1番目の塩基	U	UUU UUC }フェニルアラニン UUA UUG }ロイシン	UCU UCC UCA UCG }セリン	UAU UAC }チロシン UAA UAG }(終止)	UGU UGC }システイン UGA (終止) UGG トリプトファン	U C A G	3番目の塩基
	C	CUU CUC CUA CUG }ロイシン	CCU CCC CCA CCG }プロリン	CAU CAC }ヒスチジン CAA CAG }グルタミン	CGU CGC CGA CGG }アルギニン	U C A G
	A	AUU AUC AUA }イソロイシン AUG メチオニン(開始)	ACU ACC ACA ACG }トレオニン	AAU AAC }アスパラギン AAA AAG }リシン	AGU AGC }セリン AGA AGG }アルギニン	U C A G
	G	GUU GUC GUA GUG }バリン	GCU GCC GCA GCG }アラニン	GAU GAC }アスパラギン酸 GAA GAG }グルタミン酸	GGU GGC GGA GGG }グリシン	U C A G

31 (1) mRNAの3つの塩基が1つのアミノ酸を指定するので，150個の塩基がすべて翻訳に使われたとすると，150÷3＝50より，最大で50個のアミノ酸が指定されることになる。

(2) アミノ酸は全部で20種類あり，そのいずれか1つが5つ並ぶ組合せは，$20 \times 20 \times 20 \times 20 \times 20 = 20^5$(通り)となる。

ポイントチェック

(1) 遺伝
(2) デオキシリボ核酸
(3) 相同染色体
(4) 46 本
(5) ゲノム
(6) 1 組
(7) 2 組
(8) 2 組
(9) 遺伝子として働か
　　ない部分
(10) ヒトゲノム計画
(11) 塩基対数
(12) 約 30 億塩基対
(13) 約 22,000 個
(14) 約 1.5 ％

EXERCISE

32

(1) ア　生殖
　　イ　DNA
　　　（デオキシリボ核酸）
　　ウ　ゲノム
　　エ　ヒトゲノム
　　オ　30
　　カ　22,000
　　キ　1.5
(2) ②，④

33
　④

EXERCISE ▶解説◀

32 (1)　多細胞生物において，からだを構成している細胞を体細胞とい
い，卵や精子のように生殖にかかわる細胞を生殖細胞という。真核生物
の多くは，母親の卵と父親の精子が受精することで新たな個体を生じる。
生物体は，遺伝情報に基づいて形づくられており，この遺伝情報を担う
物質が DNA（デオキシリボ核酸）である。

　　生物が生命活動を行うのに必要な最小の遺伝情報をゲノムという。ゲ
ノムは生殖細胞に 1 組含まれており，生殖細胞が受精してできる受精卵
と，受精卵から生じる体細胞には 2 組含まれている。

　　ヒトの塩基配列は，1990 年から 2003 年に行われたヒトゲノム計画に
よって解読された。その結果からは，ヒトゲノムが約 30 億塩基対から
なること，また，その中の約 1.5 ％が遺伝子として働き，残りは非遺伝
子部分であること，遺伝子数は約 22,000 個であることなどがわかった。
現在は，さまざまな生物のゲノム解析が行われており，新しい研究や医
療への活用が試みられている。

(2)　①ゲノムは生殖細胞 1 つに含まれるすべての遺伝情報である。
　　③ゲノムは生殖細胞 1 つに含まれる 1 組の遺伝情報である。

Keypoint
> 生殖細胞のゲノム＝ 1 組　　体細胞のゲノム＝ 2 組

33　①ゲノムを構成する DNA のすべての塩基配列が，遺伝子として働
いているわけではない。ヒトゲノムの約 30 億塩基対のうち，どれが遺
伝子として働いているかは表からは読み取ることができない。ヒトゲノ
ムを構成する DNA のうち，遺伝子として働いている塩基配列は，全塩
基配列のおよそ 1.5％程度といわれており，遺伝子の平均の大きさは 13
万塩基対よりもはるかに小さな数となる。

②表のヒトとシロイヌナズナの遺伝子の数を比較すると，からだが大きく
複雑な生物ほど遺伝子数が多いとはいえない。

③遺伝子の種類は，種によって異なる。遺伝子の種類が多い生物が，遺伝
子の種類が少ない生物の遺伝子をすべてもっているとは限らない。

④表のシロイヌナズナとヒトを比較すると，ゲノムサイズはヒトのほうが
大きいのに対して，遺伝子数はシロイヌナズナのほうが多い。ゲノムサ
イズと遺伝子の数は必ずしも比例関係にあるわけではない。

⑤生物のからだを構成する細胞は，そのゲノムにすべての遺伝子をもって
いるが，それらがすべて働いているわけではない。条件や時期によって，
発現している遺伝子は異なっており，合成されるタンパク質も異なる。

▶解説◀

❶

(1)　ア　セントラルド
　　　　グマ
　　イ　転写
　　ウ　翻訳

(2)　DNA　TACAT
　　RNA　UACAU

❷

ア：2

イ：1

❶(1)　セントラルドグマに関する知識問題である。タンパク質合成の際に，遺伝情報が「DNA → RNA →タンパク質」と一方向に伝わることをセントラルドグマという。「DNA → RNA」の部分で，DNA の塩基配列の一部が RNA に写しとられる過程を転写という。また，「RNA →タンパク質」の部分で，mRNA の塩基配列がアミノ酸配列に変換される過程を翻訳という。

(2)　塩基の相補性に関する知識問題である。塩基は必ず，A と T，G と C の組合せで結合するので，「DNA の塩基配列」は TACAT となる。RNA のヌクレオチドを構成する塩基は，A，U，G，C の 4 種類であり，A と U の組合せで結合する。よって，「RNA の塩基配列」は，UACAU となる。

❷　翻訳に関する知識問題である。

ア：2 種類の塩基の繰り返しの場合，どの場所から読み始めても，2 種類のコドンが交互に出現する。

イ：3 種類の塩基の繰り返しの場合，どの場所から読み始めても，一つの同じコドンの繰り返しとなる。読み始めの場所によって 3 種類のパターンがあるが，それぞれ 1 種類のコドンしかない。

U から読み始めは UGC の 1 種類。G から読み始めは GCU の 1 種類。

U から読み始めは UGC の 1 種類。

❸

(1) ①

理由：卵白は水と
タンパク質からな
り，核が含まれない
から。

(2) ⑤

❹

(1) ①，③

(2) ヒトゲノム30億
塩基対の遺伝情報に
は，タンパク質の情
報をもつ塩基配列
と，タンパク質の情
報をもたない塩基配
列がある。

(3) 同じ個体であって
も，細胞の種類に
よって発現している
遺伝子が異なり，合
成されるタンパク質
が異なるから。

❸(1)　DNA を抽出するための生物材料には核が必要である。ニワトリの
卵白は水とタンパク質からなり，核はない。核は卵黄にある。

(2)　①同種の生物であっても，個体によって DNA の塩基配列に違いがあ
る。人の塩基配列の場合も個々人によって，約 30 億塩基中に数千万か
所も違いがある。

②分化した細胞は，受精卵が体細胞分裂してできた細胞である。したがっ
てどの細胞もゲノムの塩基配列は同一である。

③DNA 量は間期の S 期(DNA 合成期)に 2 倍になり，DNA の遺伝情
報が複製される。

④だ腺染色体で活発に転写されている部分にはパフが形成されるが，全
遺伝情報が転写されるわけではなく，特定の遺伝子に限られる。

❹

(1)　ゲノムに関する知識問題である。ゲノムとは生殖細胞に含まれるすべ
ての遺伝情報のことをいう。ゲノムには遺伝子の領域もあるが，遺伝子
以外の領域も含まれている。

(2)　約 30 億塩基対あるヒトゲノムのうち，タンパク質の種類を決めてい
る遺伝子の情報が 4500 万塩基対しかないことから，ゲノムには遺伝子
の領域が約 1.5 %，遺伝子以外の領域が約 98.5 %含まれていることがわ
かる。

(3)　多細胞生物の細胞に存在する DNA は，基本的にすべて同じものであ
る。細胞がもつ遺伝子はすべて働くわけではなく，必要に応じて働く遺
伝子と働かない遺伝子がある。どの遺伝子が働いているかによって，そ
の細胞の働きや性質が変わる。

▶解説◀

❶ ⑥

❷
(1) ④

(2) ③

❶ 遺伝子の本体に関する知識問題である。

アには肺炎の症状を引き起こすS型菌が入る。イに入る形質転換とは，遺伝子を導入して，非病原性から病原性の菌になるように，形質を変化させることをいう。分化とは，細胞が特定の形や働きをもつようになることをいう。

ウエ：遺伝子が導入されれば形質転換が起こり，S型菌が出現する。タンパク質（ウ）を分解してもタンパク質は遺伝子ではないので，形質転換が起こってS型菌が出現する。DNA（エ）を分解すると，DNAは遺伝子なので，形質転換が起こらず，S型菌は出現しない。

❷ (1) 転写に関する知識問題である。転写で合成されるのはmRNAであるので，RNAのヌクレオチドとRNAを合成する酵素に○がついた④が正解となる。DNAとRNAのヌクレオチドでは，糖（デオキシリボースとリボース）と塩基（TとU）が異なるので，DNAのヌクレオチドではRNAを合成できない。

(2) 転写・翻訳に関する探究的な問題である。この実験の目的は，mRNAをもとに翻訳が起こるかを検証することである。そのためには，mRNAが「ある」条件とmRNAが「ない」条件でそれぞれ実験を行い，翻訳が起こるかどうかを比較する。問題文より，翻訳が起こったかどうかは，紫外線照射によって緑色の光が確認できるかどうかで調べることができる。

　図では既に転写が行われているので，左右のどちらの試験管にもmRNAが存在する。左側の試験管には翻訳に必要な物質以外は加えていないので，mRNAが「ある」条件で翻訳が進んでいることがわかる。右側の試験管においてmRNAが「ない」条件をつくるためには，mRNAを分解する酵素を加えるとよい。その結果，mRNAが「ある」条件ではタンパク質Gが合翻訳成されて，緑色に光り，mRNAが「ない」条件ではタンパク質Gが合成されず，緑色に光らないという結果になれば，実験の目的であるmRNAをもとに翻訳が起こるかを検証することができる。

❸
(1) ①

(2) ア：⑦

　　イ：②

❸ (1) ②食中毒とは，食中毒の原因となる細菌やウイルス，有害な物質などを摂取することで，下痢や腹痛，発熱などが起こる病気である。がんなどのように，病気へのかかりやすさは遺伝子には関係しない。また，ゲノムを調べても，食中毒にかかった回数などの経験に関する情報はわからない。

③④ゲノムの大きさも遺伝子の総数も，生物の種類によって異なる。

⑤植物の光合成速度は，おもに光の強さなど，環境によって変化する。

(2) RNAの塩基にはAUGCの4種類があり，塩基3つの並べ方は，4×4×4＝64通りである。

表から，トリプトファンを指定する塩基3つの並びは，UGGのみで1通りである。そのため，塩基3つの並びがトリプトファンを指定する確率は64(⑦)分の1である。

　また，セリンを指定する塩基3つの並びは，表より6種類あることがわかる。そのため，塩基3つの並びがセリンを指定する確率は64分の6である。セリンを指定する確率は，トリプトファンを指定する確率の6(②)倍であると推定できる。

3章 ヒトのからだの調節

13 体内環境と恒常性 ⟨p.40〜41⟩

ポイントチェック

(1) 恒常性(ホメオスタシス)
(2) 血液,組織液,リンパ液
(3) 約8%
(4) 血しょう
(5) 赤血球,白血球,血小板
(6) 造血幹細胞
(7) ヘモグロビン
(8) 白血球
(9) 4000〜8500個
(10) 免疫
(11) 組織液
(12) 白血球
(13) 血小板
(14) 2心房2心室
(15) 体循環
(16) 二酸化炭素

E X E R C I S E

34

(1) ア 体外
   イ 体内
   ウ 恒常性(ホメオスタシス)
   エ 血しょう
   オ 血球
   カ 赤血球
   キ 白血球
   ク 血小板
   ケ ヘモグロビン
(2) ②
(3) ④

35

(1) A 肺動脈 B 肺静脈
   C 大静脈 D 大動脈
   E 右心房 F 左心房
   G 右心室 H 左心室
(2) H→D→C→E→
   G→A→B→F→H
(3) i B ii D

E X E R C I S E ▶解説◀

34 (1) 体外(外部)環境が変化しても体内(内部)環境は変化しない。これは,さまざまな体内の器官が連携して働き,からだの状態をほぼ一定に保っているからである。この働きを恒常性(ホメオスタシス)という。ヒトを含む脊椎動物の血管系は,動脈と静脈が毛細血管でつながっている閉鎖血管系で,昆虫類などの無脊椎動物の血管系は,毛細血管がなく血液が組織の間を流れて静脈に入る開放血管系である。ただし,無脊椎動物でもミミズなどの環形動物は閉鎖血管系である。

　各血球に関しては,形状と働き,血液1mm^3あたりに含まれる数は覚えておこう。

(2) 体内における水の働きは,溶媒(物質を溶かしているもの)として重要であるが,恒常性には比熱が大きい(温まりにくく冷めにくい)という点が大きく貢献している。

(3) 血球は,骨髄にある造血幹細胞が増殖・分化したものである。

35 (1)(2) 哺乳類と鳥類の心臓は2心房2心室で,血液の循環経路は体循環と肺循環に分かれており,酸素を多く含む動脈血と酸素の少ない静脈血が混じり合うことなく,効率よく酸素を各組織へ運搬することができるようになっている。血液は,心房と心室が交互に収縮を繰り返すことによって全身に送り出されている。左心室(H)をスタートとすると,大動脈(D)→からだの各部→大静脈(C)→右心室(E)→右心房(G)→肺動脈(A)→肺→肺静脈(B)→左心房(F)へと流れ,再び左心室(H)へ戻る。なお,は虫類の心臓は心室の隔壁が不完全な2心房1心室,両生類の成体の心臓は心室の隔壁がない2心房1心室で,ともに肺循環と体循環の血液は心臓で混ざり合っている。魚類の心臓は1心房1心室で,体循環と肺循環の区別はない。

(3)i 酸素を最も多く含む血液は,肺でガス交換が行われた直後の血液である。したがって,肺から心臓へ向かう肺静脈(B)を流れる血液が最も多くの酸素を含む。なお,肺静脈を流れる血液は動脈血である。

ii 血圧が最も高い血管は,全身に血液を送り出す左心室(H)につながる大動脈(D)である。なお,血圧が最も低い血管は大静脈(C)である。

14 血液の働き

〈p.42～43〉

ポイントチェック

(1) ヘモグロビン
(2) 酸素の運搬
(3) 酸素ヘモグロビン
(4) 高い
(5) 低い
(6) 血しょう
(7) ア 肺(肺胞)
　　イ 組織
(8) 血小板
(9) フィブリン
(10) 血ぺい
(11) 血液凝固反応
(12) 血清
(13) 凝固因子
(14) 線溶
　　(フィブリン溶解)
(15) カルシウムイオン
　　(Ca²⁺)

EXERCISE
36
(1) ア 赤血球
　　イ 二酸化炭素
　　　(CO₂)
　　ウ 血しょう
　　エ 動脈血
　　オ 静脈血
(2) 鉄(Fe)
(3) 酸素解離曲線
(4) i 95％
　　ii 36.8％

37
(1) ア 血小板
　　イ 血ぺい
　　ウ 線溶(フィブ
　　　リン溶解)
(2) a カルシウムイ
　　　オン(Ca²⁺)
　　b トロンビン
　　c フィブリン

EXERCISE ▶解説◀

36 (1)(2)(3) ヘモグロビンは鉄を含む赤色の色素タンパク質で，脊椎動物の赤血球に含まれ，酸素と結合し，これを運搬する働きがある。酸素を運搬する働きがある色素タンパク質としては，ヘモグロビンのほかに，軟体動物の血しょうに含まれるヘモシアニンがあり，これには銅が含まれる。なお，光合成色素であるクロロフィルは，ヘモグロビンと構造がよく似ているが，含まれる金属がマグネシウムである点が大きく異なる。

　　組織で生じた二酸化炭素(CO_2)は血液中の水(H_2O)と反応して炭酸(H_2CO_3)となり，赤血球に含まれる酵素の働きで炭酸水素イオン(HCO_3^-)に変えられて血しょう中に放出される。

(4) はじめにその場所がどのような条件になっているかを考える。

　i リード文より，肺胞での酸素濃度は100，二酸化炭素濃度は50なので，bのグラフを見て横軸(酸素濃度)が100のときにぶつかる点の縦軸(酸素ヘモグロビンの割合)の数字を読み取る。

　ii 組織で解離する酸素量は，「肺胞中の酸素ヘモグロビン－組織中の酸素ヘモグロビン」で求められる。この問題では，肺胞中の酸素ヘモグロビンのうち何％が組織で酸素を解離するか問われているので

$$\frac{肺胞中の酸素ヘモグロビン－組織中の酸素ヘモグロビン}{肺胞中の酸素ヘモグロビン} \times 100$$

の式で求める。

　　肺胞中の酸素ヘモグロビンの割合は i より95％である。組織の酸素ヘモグロビンの割合は，リード文より，組織での酸素濃度が40，二酸化炭素濃度が60なので，cのグラフを見て横軸(酸素濃度)が40のときにぶつかる点の縦軸(酸素ヘモグロビンの割合)の数字を読み取る。すなわち60％であるから，上の式に数値を入れて計算すると

$$\frac{95(\%) - 60(\%)}{95(\%)} \times 100 = \frac{35}{95} \times 100 = 36.842\cdots$$

小数第2位を四捨五入して36.8(％)となる。

37 血液凝固にかかわる血球は，直接的には血小板である。傷口ができると血小板が集まり，そこから凝固因子が放出される。この凝固因子と血しょう中にあるカルシウムイオン(Ca^{2+})が，血しょう中のタンパク質であるプロトロンビンに作用し，トロンビンとよばれる酵素となる。トロンビンは，血しょう中のタンパク質であるフィブリノーゲンをフィブリンに変化させ，フィブリンは血球を絡め取ることで血ぺいとなり，傷口をふさぐ。健康なヒトの場合，血管内で血ぺいが形成されると，線溶(フィブリン溶解)とよばれるしくみが働き，血ぺいが分解される。しかし，何らかの原因で血管に血ぺいがつまり(血栓)，血液が滞って障害が起こることもある。これを梗塞といい，脳の血管がつまる脳梗塞や心臓の血管がつまる心筋梗塞などが知られている。

E X E R C I S E
38
(1) ウ
(2) 肝門脈
(3) 解毒作用
(4) グリコーゲン
(5) 胆のう
(6) ヘモグロビン
39
(1) ア ネフロン
　　(腎単位)
　イ タンパク質
　ウ ボーマンのう
　エ 原尿
　オ 再吸収
(2) ろ過
(3) ①

E X E R C I S E ▶解説◀

38 (1) ヒトの肝臓は横隔膜のすぐ下にあり，ほかの消化器官に付随している体内最大の臓器で，重さが1〜1.5 kgある。肝臓ではさまざまな化学反応が行われており，「体内の化学工場」といわれている。

(2) 消化器官を流れた血液は，肝門脈を経て肝臓に流れ込み，そこで血糖の濃度調節や有害物質の解毒といった作用を受け，体内を好適な状態に維持している。

(3)(4)(5) 肝臓のおもな働きは，次の通りである。

・血糖量の調節…血液中のグルコース(血糖)からグリコーゲンを合成し，貯蔵しておく。血糖が低下した際はグリコーゲンを分解してグルコースを血液中に放出する。

・タンパク質の合成と分解…血しょう中のタンパク質であるアルブミンやグロブリンを合成する。

・尿素の合成…タンパク質やアミノ酸の分解で生じる，体内で有害なアンモニアを，毒性の弱い尿素に変える。

・解毒作用…アルコールや薬物などの有害な物質を分解し，無害化する。

・胆汁の合成…肝細胞でコレステロールからつくられた胆汁酸と，ヘモグロビンの分解産物であるビリルビンから胆汁がつくられる。胆汁は胆のうへ貯蔵され，脂肪の消化・吸収を促進する。

・体温維持…肝臓で行われるさまざまな化学反応(代謝)によって，熱が発生し，これが体温維持に役立っている。発熱量は骨格筋に次いで多い。

(6) 胆汁の黄緑色は，ヘモグロビンの分解産物であるビリルビンの色素がもとになっている。

Keypoint

肝臓のおもな働き
| ・血糖量の調節 | ・タンパク質の合成と分解 | ・尿素の合成 |
| ・解毒作用 | ・胆汁の合成 | ・体温の維持 |

39 腎臓は腹腔の背側に1対(2個)あり，体液の塩類濃度の調節と老廃物の除去を行っている。腎臓は皮質，髄質，腎うからなり，皮質には糸球体とボーマンのう，髄質には細尿管(腎細管)と集合管が見られる。糸球体とボーマンのうからなる構造を腎小体(マルピーギ小体)といい，これと細尿管を合わせてネフロン(腎単位)という。ネフロンは1つの腎臓に100万個ほどある。

腎動脈から腎臓に入った血液は，血球とタンパク質を除く成分が，糸球体からボーマンのうへろ過される。ろ過は血圧により行われる。ボーマンのうにこし出されたろ液は原尿とよばれ，1日約180 Lつくられる。これがそのまま尿として排出されるわけではなく，有用成分が細尿管や集合管で再吸収され，残りが尿として排出される。再吸収されるものは，水，グルコース，無機塩類が主である。尿は輸尿管を経てぼうこうに貯蔵された後，個人差はあるが1日約1.5 L排出される。

❶

(1) ア Ca²⁺（カルシウムイオン）

イ プロトロンビン

ウ トロンビン

エ フィブリノーゲン

オ フィブリン

カ 血ぺい

キ 血清

(2) 線溶

(3) (i) a

(ii) →解説参照

❷

(1) ア 肺

イ 体

ウ 肺動脈

エ 肺

オ 肺静脈

カ 大動脈

キ 全身(毛細血管)

ク 大静脈

(2) 心臓（拍動）の自動性

❸

(1) ア 髄質

イ 糸球体

ウ 腎小体（マルピーギ小体）

エ 腎単位（ネフロン）

オ 再吸収

(2) ②，⑥

(3) 120 倍

▶解説◀

❶(1)(2) 血液凝固については，発展的内容を含む（カルシウムイオンとプロトロンビン，トロンビンとフィブリノーゲン）が，フィブリンは発展的内容ではない。血液凝固は，複雑な過程を経て発生するが，これは血管内で血液凝固が起きてしまうと血栓症になるので，それを防ぐ理由がある。

血ぺいは，生成された繊維状のフィブリンに赤血球などの血球がからんでつくられる。血ぺいにより止血されている間に血管が修復され，血ぺいが溶ける。これを線溶という。血しょうから血液凝固因子が取り除かれたものを，血清という。

(3) 酸素解離曲線については，読み方を十分に理解する。特に肺胞と組織での酸素ヘモグロビンのそれぞれの割合，組織で酸素を離すヘモグロビンの割合については，完全に理解しておきたい。

(i) 胎児がもつヘモグロビンは胎児ヘモグロビンとよばれ，正常な条件下では，母体のヘモグロビンよりも酸素と結合しやすい特徴をもつ。そのため，酸素は母体から胎児へと効率的に酸素が供給できるようになっている。

(ii) 運動などによって呼吸がさかんに行われると，体内で二酸化炭素が多く放出されるようになる。二酸化炭素が血しょう中に溶け込むと，血液の pH は低下する。つまり，pH が低い状態とは，体内で二酸化炭素が多く存在するということなので，ヘモグロビンは酸素を離し，組織へ酸素を供給する必要がある。図1では，cのような曲線となる。

❷ 心臓の構造については，図も確認しておいてほしい。動脈を流れる血液は，酸素が豊富な動脈血，静脈を流れる血液は，暗赤色の静脈血が基本であるが，肺動脈と肺静脈に関しては，これが逆転していることに注意する。心臓では，左心室の壁が最も厚く，全身に血液を送り出すために強い収縮力が必要であることを理解しよう。洞房結節は右心房壁にあり，自動的に興奮が生じ，この興奮が心臓全体の拍動のリズムを決定している。心臓の拍動調節中枢は延髄にあり，大脳（意思）とは関係がない。延髄に伝えられた血中二酸化炭素濃度の変化などの情報は，自律神経系である交感神経や副交感神経を介して洞房結節に伝えられ，拍動数を調節する。

❸ 腎臓各部の名称と働きは，図も利用して確認しておきたい。ろ過は，エネルギーを使わないが，再吸収でのグルコースの動きなどは能動輸送である。水の再吸収は，バソプレシン（抗利尿ホルモン）の働きで促進される。

(1) 腎臓の基本単位（ネフロン）は，1つの腎臓に100万個ある。1日の血しょうのろ過量は180 L で，再吸収量は178 L，約99 ％が再吸収される。グルコースはヒトの血しょう中には 100 mg/100 mL（0.1 ％）含まれる。グルコースはすべてろ過されるが，すべて近位の腎細管で再吸収される。

(2) ①成人Aでは，8時間後には総排出量は2.8g程度になっている。

③成人Bでは，12時間後で血中イヌリン濃度は3 mg/100 mL くらいである。

④成人Bでは，8時間後で血中イヌリン濃度は8 mg/100 mL くらいである。

⑤成人AとBともに，注射されたイヌリンは排出されているが，血中濃度は4時間までは急激に低下し，その後排出速度は遅くなるが，血中濃度は時間経過とともに低下するので，一定ではない。

ポイントチェック

(1) 自律神経系，内分泌系
(2) 神経細胞(ニューロン)
(3) 中枢神経系
(4) 末梢神経系
(5) 中脳,小脳,間脳,延髄
(6) 脳死
(7) 体性神経系,自律神経系
(8) 運動神経,感覚神経
(9) 交感神経,副交感神経
(10) 交感神経
(11) 副交感神経
(12) 拮抗作用(対抗作用)
(13) 汗腺,立毛筋,皮膚
　　の血管などから１つ
(14) 脊髄
(15) 中脳，延髄，脊髄

EXERCISE

40
(1) ア　恒常性
　　　(ホメオスタシス)
　　イ　視床下部
　　ウ　内分泌系
　　エ　神経
　　オ　ホルモン
(2) a　③
　　b　②

41
(1) ア　中枢　イ　脊髄
　　ウ　末梢　エ　体性
　　オ　副交感
(2) A　大脳　B　間脳
　　C　中脳　D　延髄
　　E　小脳
(3) B
(4) ②，⑤，⑥

EXERCISE ▶解説◀

40 (1) ヒトの体内環境は，自律神経系や内分泌系，生体防御などの作用によって，さまざまに調節されていて，周囲の環境が変化してもほぼ一定に保たれている。このような性質を恒常性(ホメオスタシス)という。

自律神経系には，緊張時や興奮時に働く交感神経と，安静時やリラックス時に働く副交感神経がある。内分泌系では，内分泌腺から放出されたホルモンが特定の器官に作用する。

(2) 自律神経系による調節は，神経を通じてすばやく器官に伝えられるが，持続性はない。一方，内分泌系による調節は，ホルモンが血流により特定の器官に作用することで情報を伝えるため，自律神経系に比べると時間がかかるが，持続性がある。

41 (1) ヒトの神経系は中枢神経系と末梢神経系からなり，中枢神経系は脳と脊髄，末梢神経系は体性神経系と自律神経系からなる。間脳，中脳，延髄は生命維持に直結する中枢であり，脳幹とよばれる。

自律神経系の働きの中枢は間脳の視床下部であり，これが分布している器官は，意識とは無関係に調節されている。

(2) 脳は，大脳，中脳，小脳，間脳，延髄の５つの部位からなる。それぞれのおもな働きは以下の通りである。

大脳…運動や感覚の中枢，記憶や思考の中枢

中脳…姿勢の保持・眼球運動・瞳孔調節の中枢

小脳…からだの平衡を保つ中枢

間脳…自律神経系・内分泌系の中枢

延髄…呼吸運動・心臓の拍動・血液循環の中枢

(4) ②自律神経系はおもに間脳の視床下部によって調節されている。なお，ストレスなどの刺激が大脳に生じると，視床下部を通して自律神経系に影響を及ぼすこともある。

⑤多くの器官には，交感神経と副交感神経の両方が分布している。例外として，汗腺，立毛筋，体表の血管，副腎髄質には副交感神経が分布しておらず，交感神経のみが分布している。

⑥交感神経は脊髄のみから出ている。副交感神経は中脳，延髄，脊髄から出ている。

Keypoint

交感神経は緊張時・興奮時に働き，副交感神経は安静時・リラックス時に働く。

E X E R C I S E
42

(1) ア　血液(体液)

　　イ　標的器官

　　ウ　受容体

(2) Ⅰ　④，②，E

　　Ⅱ　③，①，E

　　Ⅲ　②，⑤，A

　　Ⅳ　③，③，D

　　Ⅴ　⑤，⑦，C

43

(1) ア　視床下部

　　イ　神経分泌

　　ウ　前葉

　　エ　後葉

　　オ　甲状腺

(2) フィードバック調節

E X E R C I S E ▶解説◀

42 (1)　内分泌腺から分泌されるホルモンは血液(体液)中に分泌され，血液によって標的細胞のある器官(標的器官)へ運ばれる。標的細胞には，特定のホルモンを認識して結合する受容体があり，ホルモンと受容体が結合することで，その器官の働きを調節している。

　　一方，汗腺やだ腺などの外分泌腺は，排出管を通して分泌物を体外へ分泌している。

(2)　それぞれの内分泌腺から分泌されるホルモンの名称と働きは，以下の通りである。正確に覚えておこう。

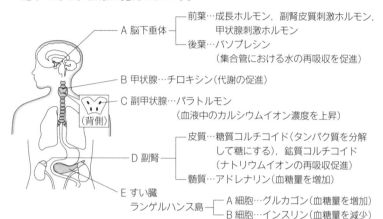

A 脳下垂体―前葉…成長ホルモン，副腎皮質刺激ホルモン，甲状腺刺激ホルモン

　　　　　　　　後葉…バソプレシン（集合管における水の再吸収を促進）

B 甲状腺…チロキシン(代謝の促進)

C 副甲状腺…パラトルモン（血液中のカルシウムイオン濃度を上昇）

D 副腎―皮質…糖質コルチコイド(タンパク質を分解して糖にする)，鉱質コルチコイド（ナトリウムイオンの再吸収促進）

　　　　髄質…アドレナリン(血糖量を増加)

E すい臓 ランゲルハンス島―A 細胞…グルカゴン(血糖量を増加)／B 細胞…インスリン(血糖量を減少)

　　ホルモンには，タンパク質からなるペプチドホルモンと，複合脂質からなるステロイドホルモンの2種類がある。ペプチドホルモンは，口から摂取しても胃や小腸で消化されるので効果はない。

43 (1)　間脳視床下部はホルモンおよび自律神経系の中枢で，恒常性に関与している。脳下垂体は，間脳からぶら下がったような構造をしており，前葉，中葉，後葉に分けられるが，ヒトの場合，中葉は退化している。前葉からは各種内分泌腺刺激ホルモンと，全身に直接作用する成長ホルモンが分泌されるが，これらの分泌は間脳視床下部にある神経分泌細胞で分泌されるホルモンによって調節されている。

　　一方，脳下垂体後葉から分泌されるホルモンは，視床下部の神経分泌細胞で合成され，軸索を通して脳下垂体後葉に運ばれて，必要に応じて血液中に放出されている。

(2)　フィードバック調節は，結果が直前の段階にだけ作用するのではなく，その前段階や前々段階にまで戻って作用するシステムである。

Keypoint

脳下垂体後葉では，視床下部の神経分泌細胞で合成されたホルモンをその末端に一時的に蓄え，放出している。

ポイントチェック

(1) 血糖濃度
(2) 約0.1％
(3) 視床下部
(4) ランゲルハンス島
(5) 視床下部，ランゲルハンス島
(6) グリコーゲン
(7) グルカゴン
(8) アドレナリン
(9) 糖質コルチコイド
(10) タンパク質
(11) 交感神経
(12) インスリン
(13) ランゲルハンス島B細胞
(14) 2型
(15) 高い

E X E R C I S E
44

(1) ア 脳下垂体前葉
 イ ランゲルハンス島
 ウ 副腎皮質
 エ 副腎髄質
 Ⅰ 副交感神経
 Ⅱ 交感神経
(2) a グルカゴン
 b インスリン
 c 副腎皮質刺激ホルモン
 d アドレナリン
 e 糖質コルチコイド
(3) 破線
(4) →解説参照

45

(1) ア 高い
 イ 腎臓
 ウ 尿
(2) ①，④
(3) 健常者 図2
 1型糖尿病 図3
 2型糖尿病 図1

E X E R C I S E ▶解説◀

44 (1)(2)(3) <u>低血糖時</u>…低血糖の血液が間脳視床下部に達し低血糖を感知すると，その情報が交感神経（Ⅱ）を通じてで副腎髄質（エ）とランゲルハンス島A細胞（イ）に伝えられる。また，ランゲルハンス島A細胞は，直接低血糖を感知する。ランゲルハンス島A細胞からはグルカゴン（a）が，副腎髄質からはアドレナリン（d）が分泌され，血糖濃度が上昇する。

さらに，間脳視床下部は脳下垂体前葉（ア）を刺激し，副腎皮質刺激ホルモン（c）の分泌を促す。副腎皮質刺激ホルモンの作用で副腎皮質（ウ）から糖質コルチコイド（e）が分泌され，血糖濃度が上昇する。

<u>高血糖時</u>…高血糖の血液が間脳視床下部に達し高血糖を感知すると，その情報が副交感神経（Ⅰ）を通じてランゲルハンス島B細胞（イ）に伝えられる。また，ランゲルハンス島B細胞は直接高血糖を感知する。ランゲルハンス島B細胞からはインスリン（b）が分泌され，血糖濃度が低下する。

(4)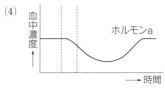

ホルモンa（グルカゴン）は血糖濃度を上げるホルモンなので，血糖濃度が上昇するにつれて徐々に減少し，血糖濃度が減少してもとの濃度に戻ると，グルカゴンは徐々に上昇してもとの濃度に戻る。

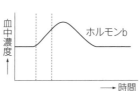

ホルモンb（インスリン）は血糖濃度を下げるホルモンなので，血糖濃度が上昇すると，それに合わせて増加し，血糖濃度が減少すると，インスリンも減少してもとの濃度に戻る。

45 (1)血糖濃度は，自律神経系と内分泌系によって適正な値に調節されているが，その調節がうまくいかなくなった状態が糖尿病である。糖尿病には，すい臓のランゲルハンス島B細胞が免疫によって攻撃・破壊されてインスリンがほとんど分泌されなくなる1型と，標的器官（標的細胞）のインスリンに対する感受性が低下して発病する2型がある。

(2) ②，③，⑤は血糖濃度が高すぎるときに現れる症状である。過剰な血糖は全身の血管を傷つけ，様々な合併症を招く。目，腎臓，神経に起こる障害が多く，最悪の場合は失明，血液の透析，指の切断にまでいたることがある。

(3) 健常者の場合，血糖濃度の上昇とともにインスリンの分泌量も増加し，血糖濃度が低下すると，それに伴ってインスリンの分泌量ももとの値に戻っていく（図2）。1型糖尿病の場合，血糖濃度が上昇しても，インスリンの血中濃度は低いままの状態が続く（図3）。また，2型糖尿病の場合，食事後にインスリンの分泌量も上昇するが，標的器官における感受性が低下しているため，血糖濃度はあまり下がらず，インスリンの血中濃度も高い状態が続く（図1）。

▶解説◀

❶

(1)　ア：視床下部
　　　イ：交感神経
　　　ウ：脳下垂体前葉

(2)　①

❶(1)　ヒトの体内環境の恒常性の維持には，自律神経系とホルモンによる調節が重要であり，その中枢は間脳の視床下部にある。自律神経系は，活動時に働く交感神経と，安静時に働く副交感神経があり，心臓の拍動などは交感神経で促進され，副交感神経では抑制される。運動中は，消化や排泄などの活動が促進されると都合が悪いので，胃や腸の働きやぼうこうでの排尿などは，交感神経で抑制され，副交感神経で促進されるようになっている。

(2)　①グリコーゲンの合成は，血糖濃度が高い場合に起こるが，それを促進するのは，すい臓のランゲルハンス島B細胞から分泌されるインスリンである。アドレナリンは，副腎髄質から分泌されるホルモンで，肝細胞に働きかけてグリコーゲンからグルコースへの分解を促進し，血糖濃度を上げる働きがある。

②交感神経は，活動的なときに働き，各組織・器官へ酸素や栄養分を送るために心拍数を増加させ，血流を増やす働きがある。

③糖質コルチコイドは，副腎皮質から分泌されるホルモンで，各細胞においてタンパク質から糖（グルコース）の合成を促進する。

④チロキシンは甲状腺から分泌されるホルモンで，各細胞での代謝を促進する働きがある。このため酸素の消費も増大し，異化が促進される。

❷

(1)　②，⑥

(2)　ア：副腎髄質
　　　イ：脳下垂体前葉
　　　ウ：副腎皮質

(3)　④

❷　フィードバックとは，結果が原因側に作用することで原因側を調節するしくみで，体内での酵素反応や，血糖濃度の調節，体温の維持など，さまざまな働きを一定に保つ上で非常に重要なしくみである。

(1)　①水分量の調節は，バソプレシンが腎臓に働きかけることで行われる。

②体温は，代謝を維持するために一定に保つ必要があり，自律神経系と内分泌系によって正確に維持されている。

③ヒトの体では，体重の約 60 ％が水である。このうち，約 2/3 が細胞内液で，組織液は約 1/4，血しょうは約 1/12 である。

④血球は，骨髄の造血幹細胞から分化した細胞群である。赤血球は，成熟する段階で核やミトコンドリア，リボソームを遺棄し，ヘモグロビンを含んだ袋のような構造となる。白血球は，好中球やリンパ球を含む多様な一群で，核をもち，免疫に関与する。血小板は，巨核球の細胞質がちぎれて生じる血球で，核を含んでいない。

⑤血しょうとは血液の液体成分のことで，血液凝固によって生じる上澄みは血清とよばれる。

⑥リンパ節にはリンパ球が集まっており，免疫に重要な役割をはたしている。

(2)　血液中のグルコース濃度（血糖濃度）は，健康なヒトだと通常血液の約 0.1 ％（110 mg/100 ml）である。血糖は，生命維持に必要な燃料のような存在で，濃度が低すぎると代謝が行えず，けいれんや昏睡状態となるが，逆に高い状態が続くと糖尿病となり，毛細血管が傷ついて失明や腎不全などの危険がある。このため，濃度を正確に調整する必要があり，

自律神経とホルモンが協調して調整している。

　　代謝によってグルコースが消費され，血糖濃度が低下すると，間脳の視床下部がこれを感知し，交感神経によりすい臓のランゲルハンス島Ａ細胞と副腎髄質が刺激され，それぞれグルカゴンとアドレナリンが分泌される。同時に視床下部は放出ホルモンを分泌して脳下垂体前葉を刺激することで，副腎皮質刺激ホルモンの放出を促し，副腎皮質から糖質コルチコイドの分泌を促進する。これらのホルモンは，いずれも血糖濃度を上げるように各細胞・組織に働きかける。反対に食事後は，小腸から取り込まれたグルコースによって血糖濃度は上昇する。これを間脳の視床下部やランゲルハンス島Ｂ細胞が感知し，インスリンが分泌されて肝臓でのグリコーゲンの合成や各組織での糖の消費が促進され，血糖濃度が低下する。

(3)　健康なヒトでは，グルコース溶液を飲んだ後，血糖濃度は一時的に上昇するが，1～2時間も経つと正常な値にもどる。しかし糖尿病患者では，血糖濃度が高い状態が続き，それが体に障害をもたらす。糖尿病には，インスリンが分泌されない1型糖尿病と，インスリンは分泌されるが体の組織がそれに反応しない2型糖尿病がある。問題の糖尿病患者Ｙは，グルコースを飲んだ後，血糖濃度が高い状態が続き，かつ血中インスリン濃度も上昇し続けているため，2型糖尿病であることがわかる。グラフを見ると，Ｙのグルコース摂取前の血糖濃度は約125 mg/mLで，Ｘは摂取前約90 mg/mL，摂取後の最高値は約140 mg/mLなので，①と②は間違いである。血中インスリン濃度は，Ｘではグルコース摂取30分後に約70 μU/mLまで上昇し，その後低下しているのに対し，Ｙでは摂取30分後から約40→55→72 μU/mLと上昇を続けている。摂取30分後はＸの方が高いので，③は間違いで，④が正解となる。

❸
(1) ア：間脳
　　イ：視床下部
　　ウ：中脳
　　エ：延髄
(2) 中脳①
　　小脳④
　　延髄②
(3) 脳幹
(4) Ⅰ：①
　　Ⅱ：②
　　Ⅲ：②

❸(2)　脊椎動物の脳は大きく5つの部分に分かれており，各部のおもな働きは以下の通りである。

大脳：随意運動や高度な精神活動の中枢

小脳：運動を調節する中枢

間脳：自律神経系の中枢

中脳：姿勢や眼球運動の調節中枢

延髄：呼吸や心拍の調節中枢

(3)　脳の中でも，間脳，中脳，延髄は，特に生命維持に重要な働きをもっており，脳の中心部に幹状に位置しているので，脳幹とよばれる。

(4)交感神経は活動的なときに働き，副交感神経は安静時に働く。

　Ⅰ：活動的なときには呼吸運動が活発になるが，これに伴って気管支も交感神経によって拡張され，空気を流れやすくしている。

　Ⅱ・Ⅲ：すい液は，消化液の一種で，胃や腸の動きと共に副交感神経によって安静時に分泌が促進される。

E X E R C I S E
46
(1) ②
(2) ①
(3) ①
(4) ③
(5) ①
(6) ③
47
ア 粘液
イ 繊毛
ウ 白血球
エ 食作用
オ 自然免疫
カ 獲得免疫(適応免疫)
48
(1) ア 骨髄
   イ 胸腺
   ウ ひ臓
   エ リンパ節
(2) ア b イ a
   ウ c エ f

E X E R C I S E ▶解説◀

46 生体防御は,異物の侵入を防ぐ物理的・化学的防御と免疫担当細胞によって侵入した異物を排除する免疫に分けられる。免疫には,生まれつき備わっている自然免疫と,異物侵入後に異物を排除するしくみが得られる獲得免疫(適応免疫)がある。

(1) 膿がたまるのは,白血球の一種である好中球,マクロファージ,樹状細胞の食作用とよばれる働きによるもので,生まれながらに備わっている自然免疫である。

(2)(3)(5) 涙や鼻汁に含まれる酵素で殺菌したり,強酸性の胃液で殺菌したりするのは,化学的防御である。また,気管の繊毛の働きで異物を排除するのは物理的防御である。これらをまとめて,物理的・化学的防御とよんでいる。

(4)(6) リンパ球が関与するウイルスの排除や,免疫の記憶を利用した防御機構,アレルギー反応は,獲得免疫(適応免疫)によるものである。

47 生体防御の３つの防御機構とは,１つ目が物理的・化学的防御,２つ目が自然免疫,３つ目が獲得免疫である。免疫には白血球を中心にさまざまな細胞や器官がかかわっている。白血球にはマクロファージ,樹状細胞,好中球や数種類のリンパ球があり,すべて骨髄の造血幹細胞からつくられる。リンパ球のうち,胸腺で成熟するＴ細胞と,ひ臓で成熟するＢ細胞は特に,免疫において重要な役割を担っている。

48 免疫の中心的な役割をはたすリンパ球は骨髄でつくられる。Ｔ細胞は胸腺に移動して成熟し,Ｂ細胞は骨髄で分化してひ臓で成熟する。ひ臓では,古くなった血球の除去なども行われている。

　　リンパ液を運ぶリンパ管の途中にあるふくらみをリンパ節という。リンパ節には各種リンパ球やマクロファージなどが多数存在している。

Keypoint
・生物はさまざまな物理的・化学的防御で異物の侵入を防ぎ,また,免疫担当細胞による免疫の働きで,侵入した異物を排除している。
・免疫には生まれつき備わっている自然免疫と,後天的に得られる獲得免疫がある。
・白血球は骨髄に存在する造血幹細胞から分化する。
・免疫で中心的に働く白血球には多くの種類があり,それぞれ異なる役割を担っている。

ポイントチェック
(1) 角質層
(2) ウイルス
(3) 粘液
(4) リゾチーム
(5) 胃酸
(6) せき，くしゃみに
　　よる異物の排除，粘
　　液による異物の排除
　　など
(7) 涙，だ液の分泌に
　　よる殺菌，胃酸の分
　　泌による殺菌など
(8) 食作用
(9) 食細胞
(10) マクロファージ，
　　樹状細胞，好中球
(11) NK 細胞
(12) 炎症

E X E R C I S E
49
　②，⑦，⑨
50
(1) ア　物理的・化学
　　的防御
　　イ　角質層
　　ウ　食作用
(2) ②
(3) ③

E X E R C I S E ▶解説◀

49 物理的・化学的防御による異物の排除には，皮膚や粘膜が関与している。

② コラゲナーゼは，タンパク質の1種であるコラーゲンを分解する酵素である。

⑦ 異物が侵入したり傷ができたりすると，その部位の血管が拡張したり発熱したりする。この一連の反応を炎症という。炎症には食細胞が関与するが，物理的・化学的防御とは直接関係しない。

⑨ 皮膚の表皮の下の層を真皮という。表皮の上層にある角質層はウイルスの侵入の防御に働くが，真皮は関与しない。

50 (1) 自然免疫には，物理的・化学的防御や，食細胞が関与する食作用がある。

(2) ① 涙やだ液に含まれるリゾチームは，細菌の細胞壁を分解する酵素である。

② 腸内は実に多くの細菌が存在し，ヒトの大腸には約1000種類，100兆の細菌（腸内細菌）が生息している。腸内細菌のうち，ビフィズス菌や乳酸菌は，乳酸や酢酸などをつくることで腸内を酸性に保ち，腸の運動を活発にしたり，病原菌による感染を予防したりするのに役立っている。

③ 胃液には，胃の内壁から分泌される塩酸（胃酸）が含まれるため強い酸性である。胃酸には食物の消化のほかに，病原菌の増殖を抑制したり殺菌したりする働きがある。

④ 気管の粘膜を構成する細胞には繊毛があり，異物を粘液とともに体外へと送り出している。

(3) 自然免疫には，好中球，マクロファージ，樹状細胞，NK 細胞が関与する。体内に侵入した異物は食作用によって排除され，ウイルスに感染した細胞やがん細胞は，NK 細胞が直接攻撃することで排除される。自然免疫では異物を非特異的に排除している。

E X E R C I S E ▶解説◀

51 (1)(2) 抗原を取り込んで食作用によって分解するのは，おもに樹状細胞(a)である。樹状細胞は，抗原の分解物を細胞表面に示す。これを抗原提示という。樹状細胞の抗原提示を受け取り，B細胞(c)の増殖を促進するのはヘルパーT細胞(b)である。増殖したB細胞は形質細胞(d)となって，抗体を体液中に放出する。一方，キラーT細胞(e)も樹状細胞の抗原提示を受け取り，増殖する。

(3)(4) 抗体は免疫グロブリンというタンパク質からなり，膨大な種類がある。それぞれの抗体は1種類の抗原と特異的に反応し，これを無毒化する。これを抗原抗体反応という。

(5)(6) 体液中に放出された抗体による免疫を体液性免疫という。一方，キラーT細胞が感染細胞などを直接攻撃する免疫を細胞性免疫という。

Keypoint

・獲得免疫には，体液性免疫と細胞性免疫がある。
・樹状細胞が提示した抗原の情報を受け取ったヘルパーT細胞は，抗原を認識したB細胞を活性化させる。
・体液性免疫では，抗体による抗原抗体反応によって抗原が排除される。
・細胞性免疫では，キラーT細胞が感染細胞を直接攻撃し排除する。

52 解答例：2回目の注射では抗原Aに対して二次応答が起こり，1回目よりも多くの抗体が短時間でつくられたが，抗原Bは1回目の侵入なので，激しい反応が起こらなかったから。

　抗原と抗体で起こる抗原抗体反応は，特異性が極めて高い。この実験の1回目の注射によって，抗原Aに対する記憶細胞が形成されているので，2回目の注射によって抗原Aが再度侵入すると，体内の記憶細胞によって二次応答が起こる。一方，抗原Bに対しては初めての侵入になるので，新たに抗体をつくる一次応答しか起こらない。

Keypoint

同じ抗原が再び体内に侵入すると，記憶細胞によって，速やかに強い免疫反応(二次応答)が起こる。

22 免疫と疾患

<p.62〜63>

ポイントチェック

(1) 予防接種
(2) ワクチン
(3) 血清療法
(4) アレルギー
(5) アレルゲン
(6) アナフィラキシー
(7) アナフィラキシー
　　ショック
(8) 免疫不全
(9) AIDS（エイズ，後
　　天性免疫不全症候群）
(10) ヘルパーT細胞
(11) 日和見感染
(12) 自己免疫疾患
(13) 免疫寛容

EXERCISE
53
(1) 血清療法　③
　　予防接種　②
(2) ③
54
(1) ア　アレルギー
　　イ　抗体
　　ウ　抗原抗体
(2) 日和見感染
(3) ウイルス
　　HIV（ヒト免疫不全
　　ウイルス）
　　感染する細胞
　　ヘルパーT細胞

EXERCISE ▶解説◀

53 弱毒化または無毒化した病原体や毒素を接種し，人為的に免疫記憶を獲得させる方法を予防接種という。風疹（風疹ウイルスによる感染症）や結核（結核菌による感染症）などに対する予防法として用いられる。また，動物につくらせた抗体を，動物の血清ごとヒトに注射して感染症の治療を行うことを血清療法という。破傷風菌，ヘビ毒などに対する治療法として用いられる。

(2) ①，②　予防接種は，人為的に免疫記憶を獲得させる方法であり，正しい。

③　血清療法では，体内の記憶B細胞が抗体をつくるのではなく，動物の体内でつくられた抗体を直接注射することで治療を行う。そのため，免疫記憶には関係しない。

④　ツベルクリン反応検査とは，結核菌のタンパク質の一部を注射することで，結核菌に対する記憶細胞の有無を調べる検査である。結核菌に感染したことがある人では，体内にある記憶細胞が短時間に反応し，接種した部分では細胞性免疫による炎症が起こり，赤く腫れる。

新型コロナウイルスのワクチンはmRNAを利用するもので，従来の弱毒化あるいは不活性化ワクチンとは異なり，比較的短期間で開発できるというメリットがある。ウイルスの一部のタンパク質を合成させるmRNAを筋肉注射し，体内でそれに対する抗体をつくらせる。

54 (1) 本来，無害であるはずの環境中の物質（花粉や塵，食物，ダニ類など）が抗原（アレルゲン）となり，これらの物質に対して免疫系が過敏に反応して，からだに害を及ぼすことがある。このような状態をアレルギーといい，花粉症，アトピー性皮膚炎，気管支ぜんそく，食物アレルギーなどがある。

(2)(3) AIDS（エイズ，後天性免疫不全症候群）は，HIV（ヒト免疫不全ウイルス）が，獲得免疫において中心的な役割をはたすヘルパーT細胞に選択的に感染し，これを破壊することによって免疫不全を起こす病気である。AIDSが発症すると免疫機能が働かなくなり，通常は感染しないような病原体に感染し病気になってしまう。これを日和見感染という。

Keypoint
・免疫反応が過敏に働くことで起こる，からだに不都合な症状をアレルギーという。
・AIDSは，免疫反応の低下を引き起こす病気である。

▶解説◀

❶(1)(2) 問題文で示されている『ウイルス感染細胞を直接攻撃する細胞』は，ナチュラルキラー細胞とキラーT細胞である。ナチュラルキラー細胞は，自然免疫に関与する細胞であり，ウイルス感染から比較的早い段階で働き始める。一方，キラーT細胞は，獲得免疫(適応免疫)に関与する細胞であり，働き始めるまでに時間がかかる。マクロファージは，自然免疫と獲得免疫どちらでも働く。

(3) 一度ある病原体に感染して，T細胞やB細胞が増殖すると，その一部が記憶細胞として残り，2回目の感染時には，1回目の感染より早く，なおかつ大量に抗体を産生する。このような，2回目以降の病原体侵入後の反応を，二次応答という。抗原Bは，過去に注射されていないので，二次応答は起こらない。そのため，抗原Bに対する抗体濃度の曲線は，1回目の抗原Aに対する抗体濃度と同様の曲線となる。

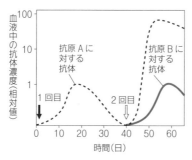

❷(2) ①関節リウマチは，アレルゲンによるアレルギー反応ではなく，自己免疫疾患の1つである。花粉症はアレルギーの1種である。花粉の侵入によって体内で抗体がつくられると，花粉が再度侵入した際に，抗体がマスト細胞に結合する。マスト細胞からはヒスタミンが放出され，くしゃみなどの症状を引き起こす。

(3) HIVは，ヘルパーT細胞に感染し，これを破壊しながら増殖する。そのため，B細胞が活性化されず，抗体がつくられなくなり，HIVを抗原抗体反応で除去することができなくなる。また，キラーT細胞も活性化されなくなるため，HIVに感染した細胞が排除されなくなる。ヘルパーT細胞が機能しなくなると，健康な時に発症しないような病原体に感染しやすくなる。

---

❶

(1) 細胞 a：ナチュラルキラー細胞

　　細胞 b：キラーT細胞

(2) 細胞 a：ウイルスの感染後すぐに働き始めているから。

　　細胞 b：ウイルスの感染からしばらくたってから働き始めているから。

(3) →解説参照

❷

(1) ア：B細胞

　　イ：抗体

　　ウ：抗原

　　エ：血清

(2) ①

(3) 病原体を排除できない理由：HIVがヘルパーT細胞を破壊することで，B細胞が活性化することができず，抗体がつくられないから。

　　感染細胞を排除できない理由：HIVがヘルパーT細胞を破壊することで，キラーT細胞が働かず，感染細胞を攻撃できないから。

❶

(1) Ⅰ：③
    Ⅱ：②
    Ⅲ：②
    Ⅳ：③

(2) ②，⑤，⑦

❸(1) Ⅰ：A1 に B1 の皮膚を移植し 12 日後に脱落したことで，A1 には B 系統が異物としての免疫記憶ができていることがわかる。よって，実験 2 の B2 の皮膚は A1 に対して 2 日目の B 系統の皮膚移植となるため，二次応答が起こり 1 回目より短い期間で皮膚が脱落すると予測される。

  Ⅱ：A1 は C 系統に関しては初めての皮膚移植だったので，一次応答が起こり，皮膚が約 12 日後に脱落することが予測される。

  Ⅲ：実験 3 より，B 系統に対して異物と認識している免疫記憶をもっている A2 から血清を取り出しているが，血清には細胞は含まれないので，B 系統に対する免疫記憶は伝わっていない。その結果，B 系統に対して一次応答をすると予測される。

  Ⅳ：実験 3 より，B 系統に対して異物と認識している免疫記憶をもっている A2 からリンパ球を取り出している。そのリンパ球を A3 に注射しているので，A3 には B 系統の皮膚移植の経験はなくとも，B 系統に対して A2 の記憶細胞で，B 系統に対して二次応答をすると予測できる。

(2) 皮膚移植の拒絶反応は，細胞性免疫のキラー T 細胞が移植部位の細胞を異物として特異的に認識し，攻撃して排除することで起きる反応である。一度拒絶した抗原の情報は，記憶細胞として体内に残るので，一次応答よりも反応が速い二次応答が起こる。

❶　③

❷
⑴　③
⑵　①，④

▶解説◀

❶　塩類濃度の調節に関する実験考察問題である。細胞の内外で，塩類濃度に違いがある場合，濃度の差が大きい方が，水が流入する力が大きい。周囲の塩類濃度が高くなり，細胞内の濃度との差が小さくなれば，流入する水は少なくなる。流入する水が少なくなればなるほど，収縮胞が水を排出する頻度は少なくなる。よって③のグラフが適当となる。

❷⑴　①インスリンは，血糖濃度が低下した際にランゲルハンス島のB細胞から分泌され，細胞や肝臓へのグルコースの取り込みを促進する。

②グルカゴンはランゲルハンス島のA細胞から分泌される。肝臓に作用してグリコーゲンの分解，グルコースの生成を促進する。

③誤り。アドレナリンは，グリコーゲンの分解を促進することで血糖濃度を上昇させる。アドレナリンは激しい運動などで急速に血糖濃度が低下した場合などに分泌される。

④糖質コルチコイドは，副腎皮質から分泌される。

⑵　問題文より，Ⅰ型糖尿病ではインスリンがほとんど分泌されず，Ⅱ型糖尿病ではインスリン分泌量が減少したり，インスリンの作用が低下したりすると示されている。よって患者Aは，インスリンが分泌されているにもかかわらず，血糖濃度が高い状態で維持されたままなので，Ⅱ型糖尿病であることがわかる。患者Bは，血糖濃度が上昇してもインスリンの分泌がほとんど見られないので，Ⅰ型糖尿病であることがわかる。

②健康な人（実線）の食事開始直後の変化を見ると，左側のグラフから，血糖濃度が上昇しており，右側のグラフから，血中インスリン濃度が上昇していることがわかる。

③右側のグラフから，食事開始後の血中インスリン濃度の変化を見てみると，患者A（点線）は，健康な人（実線）よりも傾きが小さく上昇が緩やかである。

⑤右側のグラフから，患者B（破線）ではほとんどインスリンが分泌されていないことがわかるが，左側のグラフから，食事開始後には血糖濃度の大きな上昇が見られる。

⑥左側のグラフから，食事開始から2時間の時点で，患者B（破線）は健康な人（実線）より，血糖濃度が大幅に高い。その後徐々に低下するが，4時間の時点でも健康な人（実線）よりも大幅に高い。

❸

(1)　ア　②
　　　イ　④
　　　ウ　⑥
(2)　④

❸(1)　ア：抗原を取り込んで分解し，その情報を T 細胞に提示するのは，樹状細胞である。マクロファージも食作用を行うが，抗原提示の中心は樹状細胞である。

イ：他の免疫細胞を活性化させる免疫細胞 Q はヘルパー T 細胞，感染細胞を直接排除する免疫細胞 R はキラー T 細胞である。

ウ：記憶細胞として残るのは，ヘルパー T 細胞とキラー T 細胞の両方である。

(2)　体液性免疫に関する実験考察問題である。

①問題の図2の培養条件のうち，「B 細胞を除く前のリンパ球のみ」には，B 細胞が含まれているが抗原はない。この条件下では抗体産生細胞はほとんど存在しないことから，B 細胞が存在しても，抗原がなければ B 細胞は抗体産生細胞に分化しないと考えられる。

②培養条件の「B 細胞と抗原」では，抗体産生細胞がつくられている。しかし，「B 細胞を除いたリンパ球，抗原および B 細胞」の培養条件では，非常に多くの抗体産生細胞がつくられている。このことから，B 細胞以外のリンパ球は，B 細胞の抗体産生細胞への分化に関与しないとは言い切れない。

③培養条件の「B 細胞を除いたリンパ球と抗原」では，抗原を加えているにもかかわらず，抗体産生細胞はほとんどつくられていない。よって，B 細胞を除いたリンパ球には抗体産生細胞に分化する細胞が含まれているとは言えない。

⑤培養条件「B 細胞と抗原」と「B 細胞を除いたリンパ球，抗原および B 細胞」の違いは，B 細胞を除いたリンパ球の有無である。B 細胞を除いたリンパ球がある場合は，ない場合よりも抗体産生細胞の数が非常に多い。このことから，B 細胞以外のリンパ球が，B 細胞の抗体産生細胞への分化を妨げているのではなく，助けていると考えられる。

4章　生物の多様性と生態系

ポイントチェック

(1) 植生

(2) 相観

(3) 優占種

(4) 森林，草原，荒原

(5) 階層構造

(6) 高木層

(7) 光

(8) 林冠

(9) 林床

(10) 光合成速度

(11) 二酸化炭素

(12) 光補償点

(13) 光飽和点

(14) 見かけの光合成速度

EXERCISE

55

(1) 階層構造

(2) 光の強さ

(3) a 高木層

　 b 亜高木層

　 c 低木層

　 d 草本層

　 e 地表層(コケ層)

(4) a ⑦ 　 b ④

　 c ⑥ 　 d ①

　 e ⑤

(5) 林冠

(6) 自然林

56

(1) a 光補償点

　 b 光飽和点

　 c 見かけの光合成速度

　 d 呼吸速度

　 e 光合成速度

(2) ア 呼吸

　 イ 二酸化炭素

　 ウ 大きい

(3) ⅰ ① 　 ⅱ ②

　 ⅲ ③ 　 ⅳ ③

　 ⅴ ③

EXERCISE ▶解説◀

55 (1)(2)(3)(5) 発達した森林の内部をよく観察すると，高木や低木などの枝や葉が垂直方向に層状に分布しているのがわかる。この層状の構造を階層構造という。森林では，最上部の林冠に太陽光が直接照射されるため，林冠を構成する樹木は光を十分に利用できるが，亜高木層，低木層，草本層と高さが下がるにつれ上層の樹木によって光が遮られ，光の強さが激減する。

(4) 亜熱帯性の②メヒルギと⑧ヘゴ，針葉樹の③エゾマツは解答から外れる。a(高木層)には，極相林の優占種である⑦スダジイが，b(亜高木層)には，aよりやや背の低い④ヤブツバキが，c(低木層)には，さらに低木の⑥ヒサカキが見られる。なお，①ヤブランは草本植物なのでd(草本層)に，⑤コスギゴケはコケ植物なのでe(地表層)に見られる。各層を構成する代表的な植物の名前は覚えておこう。

(6) 人工林では，同時期に一斉に植えられ，さらに枝打ちや低木層，草本層の伐採，除草などを定期的に行うので，階層構造は発達しにくい。

56 植物は光合成により二酸化炭素(CO_2)を吸収し，同時に呼吸によりCO_2を放出している。単位時間あたりの光合成によるCO_2の吸収量を光合成速度(e)といい，呼吸によるCO_2放出量を呼吸速度(d)という。光の強さが0のときには，呼吸のみ起こるので，グラフの縦軸のCO_2吸収速度はマイナスの値になる。光の強さが増すにしたがって，光合成速度も増し，やがて光合成速度と呼吸速度がつり合って，見かけ上，CO_2の出入りがないように見える状態になる。このときの光の強さを光補償点(a)という。つまり，呼吸速度＝光合成速度となる光の強さが光補償点である。光の強さが光補償点未満のとき，光合成速度＜呼吸速度となり，逆に光の強さが光補償点より大きくなったとき，光合成速度＞呼吸速度となる。

光の強さが光補償点より大きくなり，光合成速度が呼吸速度を上回ったときのCO_2吸収速度を見かけの光合成速度(c)という。実際の光合成速度は見かけの光合成速度と呼吸速度の和となる。

光の強さが増すにつれて，CO_2吸収速度も増すが，図のようにある光の強さより強くなると，それ以上CO_2吸収速度が増えず，一定の値となる。このときの光の強さを光飽和点(b)という。

Keypoint

・呼吸速度＝光合成速度となる光の強さを光補償点といい，それ以下の光の強さでは植物は生育しにくい。

・光合成速度＝見かけの光合成速度＋呼吸速度

EXERCISE

57

(1) 記号　B

　　名称　陰生植物

(2) 記号　A

　　名称　陽生植物

(3) ⑥

58

ア　風化

イ　腐植

ウ　団粒構造

エ　環境形成

EXERCISE ▶解説◀

57 陽生植物は, 光補償点・光飽和点ともに高く, 強光下では光合成速度も大きい。一方, 陰生植物は, 光補償点・光飽和点ともに低く, 弱光下でも生育できる。一般に, 光補償点以下の光の強さでは, 植物は生育しにくく, 枯れてしまうことが多いので, 光補償点の低いBが森林の地面付近のうす暗い光環境でも生育できると考えられる。

Keypoint

・陽生植物は光補償点, 光飽和点ともに高く, 陰生植物は光補償点, 光飽和点ともに低い。

58 土壌とは, 岩石の風化砕屑物(礫や砂, シルトや粘土など：粒子の大きさによって分けられる)に, 生物遺体などが分解されてできた有機物主体の腐植が混ざってできたものである。砂だけでは土壌とはいわない。土壌は層状に発達する。上から落葉層(L層), 腐植土層(LF層), A層, B層, C層の順に含まれる有機物が減る。土壌の発達には, 適度な温度と降水量の非生物的な環境条件と, 植生などの生物的環境条件がそろう必要がある。熱帯雨林の林床にはほとんど土壌が発達しない。これは, 有機物の供給が盛んであるが, 温度と水分が豊富なため, 有機物を分解する土壌動物などの分解者の働きが盛んで, 腐植が貯まらないためである。また, ツンドラおよび日本の亜高山帯や高山帯では, 有機物の供給は少ないが, 低温で有機物の分解が進まず, 堆積して泥炭地となる場合が見られる。

Keypoint

・土壌＝岩石の風化粒子 ＋ 有機物(腐植)

・発達した土壌には, 有機物に富み, すきまの多い団子状の構造(団粒構造)が多く見られる。

・植生と土壌の間には密接な関係がある。

E X E R C I S E

59
(1) ア 土壌
   イ 一次
   ウ 二次
   エ 乾性
   オ 湿性
   カ 藻類
   キ 地衣類
   ク 陽樹
   ケ 陰樹
   コ 極相
   （クライマックス）
(2) a ②, ⑧
   b ④, ⑦
   c ③, ⑥
   d ①, ⑤

60
(1) A ④   B ②
   C ③   D ①
(2) 一次遷移
(3) 初期 ③, ④, ⑤
   後期 ①, ②, ⑥
(4) 土壌, 種子など

E X E R C I S E ▶解説◀

59 遷移において土壌は重要な役割をはたしている。土壌は植物の生育に必要な栄養塩類や水分を含み, また, 植物を物理的に支えている。土壌の形成が進み, 多くの栄養塩類や水を含んだ厚い層状構造が発達すると, 徐々に草本から木本へ遷移が進行する。

光の強さも遷移における重要な環境要因である。コナラやアカマツなどの陽樹は強い光の下では成長が速く, 陽樹林を構成するが, やがて, 光が林内に十分に入らなくなると, 陽樹の芽生えは育たなくなり, 陰樹の芽生えが成長して, 陰樹林へと遷移が進んでいく。

Keypoint

一次遷移(乾性遷移)：裸地→草原→低木林→陽樹林→混交林→陰樹林(極相)
　草原：ススキ, チガヤ, イタドリ
　低木林：ヤシャブシ, ヌルデ, アカメガシワ
　陽樹林：アカマツ, コナラ　　陰樹林：スダジイ, タブノキ, ブナ

60 (1)(2) 溶岩のように土壌や種子, 有機物のない場所から始まる遷移を一次遷移という。裸地に最初に侵入するのが, 地衣類・コケ植物などの先駆植物で, やがて草原, 低木林, 陽樹林, 混交林, 陰樹林へと遷移が進む。

(3) 遷移の初期に見られるススキなどの先駆種は, 一般に陽生植物で耐陰性は低い。貧栄養の土壌でも生育でき, また, 種子は小さく, 風によって散布される。遷移の後期に見られるスダジイなどの陰樹は, 薄暗い林床で発芽・成長するため, 耐陰性は高い。また, 一般に樹齢が長く, 栄養分を多く含んだ大きな種子(ドングリ)をつくる。種子は大きくて重いので, 遠くへは散布されにくく, 生産数も少ない。

先駆種と極相種のおもな特徴は以下の通りである。

おもな特徴	先駆種	極相種
種子の大きさ	小さい	大きい
種子の数	多い	少ない
耐乾性・耐貧栄養性	高い	低い
耐陰性	低い	高い
成長	速い	遅い
寿命	短い	長い

(4) 土壌がすでにある場所から始まる遷移が二次遷移である。土壌には, それまでに生育していた植物の根や種子が含まれていることが多く, 遷移の進み方は, 一次遷移よりずっと速い。

Keypoint

二次遷移では, 土壌がすでにあり, 植物根や地下茎, 種子などが含まれていることが多いので, 遷移が速く進む。

ポイントチェック

(1) バイオーム
　　（生物群系）
(2) 気温（年平均気温）
　　降水量（年降水量）
(3) 熱帯多雨林
(4) 夏緑樹林
(5) 針葉樹林
(6) サバンナ
(7) ツンドラ
(8) 水平分布
(9) 亜熱帯多雨林
(10) 照葉樹林
(11) 垂直分布
(12) 照葉樹林，夏緑樹林，針葉樹林
(13) 森林限界

EXERCISE

61

(1) 横軸　年平均気温
　　縦軸　年降水量
(2) 森林　ア，イ，ウ，
　　　　　カ，キ，ク，コ
　　草原　エ，ケ
　　荒原　オ，サ
(3) a　ケ　　b　カ
　　c　サ　　d　コ
　　e　キ　　f　ウ
(4) a　⑨　　b　④
　　c　⑨　　d　⑧
　　e　③　　f　⑤

62

(1) ア　降水量
　　イ　気温
　　ウ　砂漠
　　エ　ツンドラ
　　オ　亜熱帯多雨林
　　カ　照葉樹林
　　キ　夏緑樹林
　　ク　針葉樹林
(2) 垂直分布
(3) ⑤

ＥＸＥＲＣＩＳＥ ▶解説◀

61 (1) 陸上のバイオーム（生物群系）は，おもに気温（年平均気温）と降水量（年降水量）によって決定される。縦軸と横軸がそれぞれ年平均気温と年降水量のどちらを示しているかは，数値に着目して判断する。なお，東京（照葉樹林）は，年平均気温 15.4 ℃，年降水量 1528.8 mm である。

(2) 年降水量の多い地域では森林が発達するが，少ない地域では樹木が育たず草原（サバンナ，ステップ）となる。また，年降水量が極端に少ない地域では砂漠が，年平均気温が極端に低い地域ではツンドラが分布し，これらは荒原に相当する。

(3) まず，荒原（オ，サ）と草原（エ，ケ）を区別し，その後，森林のバイオームを気温と降水量によって区別していくと覚えやすい。

Keypoint

バイオームは気温（年平均気温）と降水量（年降水量）によって分布が決まる。

62 バイオームは気温と降水量により規定される。南北に長い日本では，降水量に恵まれているので，おもに気温によってバイオームの分布が決まる。日本で見られるバイオームは，南から亜熱帯多雨林（沖縄と小笠原諸島），暖温帯照葉樹林（九州と四国，関西から関東までの平野部，山陰から北陸の海岸沿いの平野部），冷温帯夏緑樹林（九州の山間部～中国地方山間部，四国の山間部，近畿から関東，中部地方から東北地方の山間部，北海道の平野部），亜寒帯針葉樹林（中部山岳地方の高山～東北地方の高山，北海道の中央～北東部）の４つで，これを水平分布という。なお，日本では森林のバイオームのうち熱帯多雨林と雨緑樹林と硬葉樹林が，草原のバイオームのうちサバンナとステップが，荒原のバイオームのうち砂漠が見られない。ツンドラは，日本でも高山帯に存在する。垂直分布は，中部地方の例を覚える。なお，亜高山帯の針葉樹林帯と高山帯の境を森林限界というが，高山帯にはハイマツの低木林や，ヤナギやツツジの仲間などの低木，多年生の草本類を主体とする草原（お花畑）が広がる。

Keypoint

・バイオームの規定要因は気温と降水量。
・日本のバイオームは気温により規定される。
・バイオームが南北で異なることを水平分布，標高で異なることを垂直分布という。
・亜高山帯と高山帯の境を森林限界という。
・照葉樹林帯（暖温帯）を丘陵帯，夏緑樹林帯（冷温帯）を山地帯，針葉樹林帯（亜寒帯）を亜高山帯ということがある。

▶解説◀

❶ (A) (オ), (ク)

(B) (ア), (イ), (キ)

(C) (ウ), (エ), (カ), (ケ)

❷
(1) (ⅰ) ①, ⑨

(ⅱ) ②, ⑪

(ⅲ) ③, ⑦

(ⅳ) ⑥, ⑫

(ⅴ) ④, ⑧

(ⅵ) ⑤, ⑩

(2) 気温が低い寒帯では，凍結に耐えるため，雪におおわれる地表近くに休眠芽をもつ(ⅲ)が多くなる。乾燥地では，雨が不定期なので，乾燥に強い種子をつくる(ⅵ)が多くなる。

❶ 森林は，気温と降水量が十分にある地域に発達する。熱帯雨林，亜熱帯多雨林，雨緑樹林，照葉樹林，夏緑樹林，針葉樹林に分けられる。

　草原は，気温が十分にあるが，降水量が少ない地域で見られる。熱帯草原はサバンナといい，年平均気温が20℃を越える地域で，年降水量がおよそ200 mm〜1000 mmの範囲で見られる。年降水量がおよそ1000 mmを越えると，雨緑樹林または熱帯雨林が形成される。ステップは，温帯または亜寒帯のうち，年降水量の少ない大陸の内陸地域で見られ，樹木はほとんど生育しない。

　荒原は，年降水量が200 mmに達しない地域，ツンドラは年平均気温が−5℃以下の寒帯地域で見られ，森林は発達しないが，コケモモやヤナギの仲間などの低木が生育する場合がある。

❷(1) デンマークのラウンケルは，植物が生育に不適な時期(低温または乾燥)を過ごす休眠芽(冬芽)の位置で，植物を分類した。その地域の植物の生活形分類結果をまとめたものを，生活形スペクトルという。これを調べることで，その地域の環境を推測することができる。

　(ⅲ)半地中植物と(ⅳ)地中植物の違いは，(ⅲ)は地表に接する地下に休眠芽があるのに対し，(ⅳ)は休眠芽が地表に接しない。つまり，(ⅳ)がよりきびしい環境に耐えられる。

(2) 寒冷地は，冬が低温並びに強い風が吹くなど，厳しい環境である。この厳しい環境に適応するため，低温の時期は地上部を枯らせて地下で越冬することで耐える。春，寒冷地は日照時間が長くなり，気温が急激に上昇する。このため，植物は一気に葉を展開させ，光合成を行う。夏至を過ぎるとすぐに秋になり，気温が下がるので，夏までに光合成を行い，初秋までに開花結実させる必要がある。このため，地下部に栄養を貯える多年生植物で，かつ長日植物が多い。

❸

(1) A 光補償点

　　B 光飽和点

(2) ①，②，④

　　理由：③だけが弱光下において，陽生植物の光合成速度が陰生植物の光合成速度より大きいから。

(3) ①，③

(4) 一次

(5) エ　夏緑

　　オ　針葉

(6) 29

---

❸ 地元を題材とした内容の問題を出題する大学があるので，ある程度その大学がある地域性を確認しておく必要がある。

(2) ①は，教科書に記載された見慣れた図である。②はYの陰生植物が光飽和点に達する前にXの陽生植物に抜かれるが，光補償点から陽生植物の光-合成曲線が重なるまでの光の強さがあれば，陰生植物は成長できる。③は，光補償点が陰生植物よりも陽生植物の方が小さいので，陽生植物が陰生植物より光が弱いところでも成長できる（生存に有利である）ことになる。④の光-合成曲線は，強光による生育阻害が出る陰生植物に見られるものである。ここでは日かげ（弱光下）での生育を問われているわけだから，弱光下の範囲では①と同じ曲線になる。

(3) 土壌とは，岩石の風化砕屑物に植物遺体などの有機物が混ざったものである。火山など，噴火してさほど時間がたっていない場所では，風化が進まず，植物も少ないため，有機物の供給が少なく，土壌の発達は進まない。

②日本を含めて，地球上で岩石の風化が起きないことは考えられない。

④気温が低いと，微生物の活動が活発ではないため，植物遺体の分解が進まない。北の地域で見られる泥炭地は，低温のために有機物の分解が進まないため，植物遺体が蓄積してできた。

(4) この場合は，二次遷移は最初に考慮外となる。乾性遷移か湿性遷移ということで迷うかもしれないが，過去に火山活動がさかんであった樽前山という題材から，一次遷移と答えるべきである。

(5) 針葉樹は，一部の例外（カラマツ）を除き，常緑である。

(6) 千歳空港と樽前山の外輪山の山頂との標高差は1000 mである。標高が100 mあがるにつれて気温が0.55℃低下するのであれば，1000 mで5.5℃低下することになる。このことから，樽前山の外輪山の山頂で気温が5℃以上の月は，5月〜10月までに限られる。なお，暖かさの指数から判断すると，樽前山の外輪山山頂は亜寒帯に属する。

EXERCISE

63

ア　非生物的環境

イ　消費者

ウ　光

エ　光合成

オ　水

カ　分解者

キ　植物

ク　植物プランクトン

64

(1) ア　非生物的環境
　　イ　生態系

(2) ③, ⑥

(3) ②

(4) ③

EXERCISE ▶解説◀

63　生物と, それを取り巻く非生物的環境(光, 水, 土壌, 大気など)を合わせたまとまりを生態系という。生態系を構成する生物は, おもに生産者と消費者に分けられる。消費者のうち, 生物の遺体や排泄物を無機物に分解する過程にかかわる生物は特に分解者とよばれる。

64　(2)　生態系を構成する生物の集団は, 生産者と消費者に分けられる。光合成などにより無機物から有機物を合成して生活する生物を生産者といい, 植物(種子植物, シダ植物, コケ植物)や藻類(コンブなど)の他にも, 葉緑体をもつ単細胞生物のミドリゾウリムシやクラミドモナス, またシアノバクテリア(ネンジュモ, イシクラゲなど)も生産者に含まれる。

(4)　動植物の遺体や動物の排出物などを無機物に分解する働きをもつ生物を分解者という。シイタケなどの菌類の他に, ダンゴムシやミミズなどの土壌動物も含まれる。

① 菌類はすべて真核生物なので誤り。菌類のほとんどは多細胞生物であるが, 酵母などの単細胞生物も含まれる。

② 分解者である菌類・細菌も消費者に含まれるので誤り。

Keypoint
・生態系を構成する生物の集団は, 生産者と消費者に分けられる。
・消費者のうち, 生物の遺体などの有機物を無機物にまで分解する生物を分解者という。

ポイントチェック

(1) 捕食

(2) 被食者

(3) 食物連鎖

(4) 食物網

(5) 栄養段階

(6) 生態ピラミッド

(7) 個体数ピラミッド

(8) 少なくなる

(9) 現存量ピラミッド

(10) 間接効果

(11) キーストーン種

E X E R C I S E

65

(1)　ア　⑤

　　　イ　①

　　　ウ　④

(2)　エ　①

　　　オ　③

　　　カ　④

　　　キ　⑤

66

(1)　ア　有機物

　　　イ　栄養段階

　　　ウ　生態ピラミッド

　　　エ　個体数

　　　オ　現存量(生物量)

(2)　④，⑥，⑨

(3)　161.8 kg

E X E R C I S E　▶解説◀

65 (1)　ナナホシテントウは全長 5-10 mm 程度で，幼虫，成虫ともにアブラムシ類を食べる。シジュウカラは全長 15 cm 程度の雑食の鳥類で，果実や種子の他に，トンボやクモなどの昆虫を食べる。タカは全長 80 cm ほどの大型の鳥類で，森林の小動物などを食べる。

(2)　トビムシの多くは土壌中に生息する。落ち葉や腐植を食べるものが多いが，細菌や藻類を食べるものもいる。ムカデもトビムシと同様に土壌中に生息するものが多いが，ムカデは昆虫やミミズなどを捕食する。

66 (1)　エとオについては，図中の生物量を表す単位を見て解答する。図1は個体/km² なので，単位面積あたりの個体数で表されている。図2は t/km² なので，単位面積あたりの現存量(生物量)で表されている。

(2)　一次消費者とは生産者(植物)を食べている動物であるから，選択肢より植物食性動物のモンシロチョウ，ウサギ，アブラゼミを選択する。アブラゼミは，幼虫も成虫も木の樹液を食物としている。アキアカネはトンボの一種で，動物食性動物である。

(3)　図2の生態系の場合，1 km² あたりに，生産者である水草・藻類は 809 t，三次消費者は 1.5 t 存在している。したがって，300 g (0.3 kg) の三次消費者が生きていくために必要な生産者の量を x (kg) とおくと

$$x(\text{kg}) : 0.3(\text{kg}) = 809(\text{t}) : 1.5(\text{t})$$
$$x = 0.3 \times 809 \div 1.5$$
$$x = 161.8(\text{kg})$$

Keypoint

生態ピラミッドには，各栄養段階の数量的な単位の違いによって，個体数ピラミッドや現存量ピラミッド(生物量ピラミッド)などの種類がある。

EXERCISE

67
(1) ③
(2) ①，④

68
ア　微生物
イ　自然浄化
ウ　富栄養化
エ　アオコ（水の華）
オ　赤潮
カ　酸素

69
(1) ア　絶滅危惧種
　　イ　外来生物
　　　（外来種）
　　ウ　在来生物
　　　（在来種）
(2) ⑤

EXERCISE ▶解説◀

67 温室効果ガス（CO_2，メタンなど）により，地球の平均気温が上昇する現象を地球温暖化という。化石燃料の燃焼によって大気中のCO_2濃度が上昇しており，異常気象や海水面の上昇などが問題となっている。そのため，世界的に排出削減に向けた取り組みがなされている。

化石燃料の燃焼により排出される窒素酸化物や硫黄酸化物は，雨滴に溶け込み，酸性雨となって地上に降り注ぐ。酸性雨は，樹木の立ち枯れや湖沼での魚の死滅の原因となっている。

〈参考〉そのほかの大気汚染による生態系への影響

光化学スモッグ：炭化水素や窒素酸化物が，紫外線により光化学オキシダントとよばれる有害物質に変化することで発生する。目や気管を刺激し，呼吸器障害を引き起こす。

オゾン層の破壊：冷媒などに使われていたフロンガス類によってオゾン層が破壊されている。これにより紫外線が増加し，皮膚がんや白内障などを引き起こす。特にオゾン濃度が低い部分をオゾンホールという。

68 河川などに流入した汚濁物質は，ふつう微生物などの働きで分解され，水質は改善するが，汚濁物質の量が多すぎるとさまざまな問題を生じる。

水中の栄養塩類が増加すると富栄養化が起こり，プランクトンが大発生する。プランクトンの呼吸やプランクトンの遺体の分解に大量の酸素が消費され，水中は酸素欠乏となり，またプランクトンがつくり出す毒素により，魚介類の死滅などを招く。この現象が内湾などの海域で発生した場合を赤潮といい，湖沼で発生した場合をアオコ（水の華）という。

〈参考〉汚染物質による生態系への影響

生物濃縮：特定の化学物質が，食物連鎖を通じて生体内に高濃度に蓄積される現象。

環境ホルモン（内分泌かく乱物質）：体内に取り込まれ，ホルモン調節を狂わせる人工的な化学物質（ダイオキシン，DDT，PCBなど）。生殖異常などを引き起こす。

69 (1)(2)　ある生物種の全個体が死に絶えることを絶滅といい，絶滅が心配される生物種を絶滅危惧種という。絶滅危惧種にはアオウミガメ（⑤）やアホウドリ，トキなどが含まれる。

また，人間の活動に伴って本来の分布域から移入され，定着した生物を外来生物という。外来生物には，セイヨウタンポポ（①），オオクチバス（③），ガビチョウ（④），ウシガエル（⑥）などがある。

❶
(1) a 二酸化炭素
   b 有機物
   c 呼吸
(2) ア ③
   イ ④
   ウ ①
   エ ②

❷
(1) ① 誤
   ② 正
   ③ 正
(2) ⑤

▶解説◀

❶(1) 光を利用することで，生産者だけが無機的環境の a を取り込むことから考えて，a は二酸化炭素である。生産者と消費者（ヒト）から分解者へ移動するものは，生物遺体などであろうが，ここでは有機物とする。c は生産者では光合成の逆向きの矢印であるので，呼吸である。

(2) 水域への，大量の生活排水などの窒素やリン酸などに富む廃液の放出は，水域の富栄養化を招き，淡水域ではアオコ，海水域では赤潮の発生を招く。

熱帯雨林地域は，地球上で最も種多様性が高く，たくさんの種類の生物の宝庫である。ここでの牧場や農地の造成は，単に森林破壊だけではなく，そこに生息する多数の動物種の生活場所を奪うなど，生態系への影響が大きい。農薬や化学肥料の大量の使用は，熱帯雨林の破壊よりもせまい範囲での生物の多様性に影響を与える。過剰な放牧や焼き畑農業は，土地の荒廃を招く。焼き畑は，火入れの間隔が適当であれば，土地に対するダメージは小さいが，近年人口増に伴い，火入れの間隔が適正の限界を超えて短くなり，土地の荒廃を招く例も多い。過放牧とは，その土地の面積に対する適正な数での放牧頭数を超えた放牧を行うことである。これにより，草原が裸地化や砂漠化することもある。

❷ 食物連鎖に伴う生物濃縮を正しく理解できるかを，表の読み取りから問う問題である。動物の個体数や体の大きさを生態系ピラミッドで考えると，栄養段階の低いものは，個体数が多く，一般に体の大きさは小さい。

(2) 哺乳類は，一次消費者であるウサギやネズミもいるが，この図2からモグラは二次消費者，イタチは二次消費者または三次消費者となる。

❸

(1) 落ち葉の採取

(2) 管理放棄によって
二次遷移が進み，暖
温帯では常緑樹が雑
木林へ侵入し，雑木
林の林床が春先も明
るくなくなったた
め。

(3) 二次遷移が開始
し，低木が侵入し，
やがて森林になる。

(4) ブラックバス
ブルーギル
カミツキガメ
ヒアリ
などから2種

❸(1) 落ち葉を，かまどのたき付けや田畑の肥料(腐葉土の材料)として利用していた。

(2) 他に，落ち葉の採取が行われなくなったため，林床が落ち葉に覆われ，春先にカタクリなどの春植物の葉の展開の障害となることも考えられる。

(3) それまで人為的に抑えられてきた二次遷移が開始することで，低木林から陽樹林，さらに陰樹林となる。

(4) 日本で問題となっている外来種を2種挙げる。アメリカザリガニとか，ウシガエル，セイタカアワダチソウは，日本に侵入してから時間がたつので，答えとしてあげた外来生物よりは，問題になりにくい。

▶解説◀

❶

(1) ⑥

(2) ②

(3) ⑤

❶　天然の森林でも，落雷や強風による樹木どうしの摩擦などが原因で，山火事が発生することがある。

(1)　高木は，林冠に達する前にも光合成を行う（光合成をしないと成長できない）。アメリカでは，山火事によって松かさが初めて広がり，種子が散布される，山火事に依存するマツがある。

(2)　西日本の低地から考える。

(3)　日本は，降水量が十分にあるので，植生は気温により規定されることを確認する。海岸沿いであるので，平均気温も森林を形成するのに十分であると考えられる。土壌形成が進んでいれば，森林形成に問題はない。砂州のように，貧栄養の砂が継続的に運ばれる場所は，森林が成立していないことが多い。

❷

(1) ④

(2) ②，⑤

❷(1)　近年，一部地域で繁殖が確認されているアフリカツメガエルやアメリカザリガニは，他の動物に食べられる被食者でもある。また，セイタカアワダチソウやブタクサは生産者であり，捕食性の生物ではない。同一国内の他地域から移入された動植物も，国内外来種とよばれ，一部で駆除対象となっている。移入先の在来生物に影響を与えるか否かは，判明するのにかなり難しいと思われる。つまり，短期間で影響が出ないと評価したのに，実は長い目で見たら影響が出ていたと認められた段階で駆除しようと思っても，一度定着したら駆除はかなり困難になる。移入先の在来生物に大きな影響を与える種を，侵略的外来生物という。

(2)　この図1から，オオクチバスが移入されたのは1996年と考えられる。1995年の生物の現存量と2000年の現存量を比べると，約3分の1にまで減少している。オオクチバスは，二次消費者であり，一次消費者（植食動物）ではない。オオクチバス移入後，モツゴ類は絶滅したので，多様性は減少したと考えられる。図1からは，栄養段階の変化は判断できない。

❸

(1) ⑥，⑦

(2) ③

❸(1)　大気の成分は，窒素が78 %で酸素が21 %である。アンモニアとエタノール，水素は，大気中にほとんど含まれていない。フロンは，オゾン層を破壊する気体であることは知られているが，実は温暖化にも大きく関係している。メタンは，温暖化に関係する気体成分として最近知られてきた。牛のゲップや土壌中から発生するこの成分を減らす研究が，近年さかんに行われている。

(2)　気象庁の大気環境観測所がある岩手県の大船渡市三陸町綾里は，冷温帯で夏緑樹林帯に位置する。光合成を行うのは葉が展開している春から秋までで，そのため二酸化炭素濃度の季節による変動が大きいと考えられる。

年　　　　組　　　　番